生出版

正宗川菜大典

系出川菜黃埔、師承現代川菜開山鼻祖、
非物質文化遺產傳承人親解，
烹飪技法、典故。

川菜非物質文化遺產代表性
傳承人王開發關門弟子

李作民 ——著

目錄

PART 1
大師風範演繹經典.........................11

PART 2
你一定聽過的經典.......................41

PART 3
幾近失傳的神祕傳說料理........83

推薦序
吃貨必讀的正宗川菜大典

《尋食記》作者、中國文化大學語文中心助理教授／李廼澔

　　當我知道這本《正宗川菜大典》，是師承現代川菜開山鼻祖藍光鑒之徒張松雲的徒弟，今年已高齡 79 歲的王開發大師所口傳身授的之後，不禁心想，這本書不只是個大典，更是個寶典。

　　而提到藍光鑒，就不得不提到一個叫關正興的滿人，是他造就了近代川菜的形成與崛起。之所以是滿族名廚造就近代川菜，乃因 1860 年，英法聯軍攻破北京之後，大批滿清士族紛紛南遷避難，清政府很多官員選擇遷往成都定居。當時 35 歲，身為官府大廚的關正興也就是在這時候，隨著八旗官員入川，來到了成都。

　　關正興在北京時，因為曾籌辦過 3 次滿漢全席而名噪官場。很快的，極具商業眼光，認為在成都做高檔宴飲包席（按：又稱「冷包席館」。餐館業的一種經營類型。以舉辦筵席為主要業務）生意很有市場的關正興，就在 1861 年以自己的名字，開了間名為「正興園」的「包席館」。有道是，沒有正興園，就算川菜的菜式再多，也造就不出如此大批技藝精湛的川菜大師。因為在正興園初創之時，其包席菜品多是高檔的北方菜餚。關正興廣納意見，並學習成都當地的特色菜餚，不但網羅當地大廚，更是盡搜當地菜品，「麻婆豆腐」即為其一。

　　藍光鑒是在 13 歲時被正興園頭號大廚戚樂齋帶入門，關正興則是親自安排，讓藍光鑒拜他的兒子貴寶書為師。努力習藝的

他，16 歲就上灶。經過二十多年的磨練後，藍光鑒盡得正興園之真傳，還有人為詩讚之：「成都百館供宴客，正興園為蓉（按：成都的簡稱）之冠。治庖何止數千人，川味首推藍光鑒。」

辛亥革命後，失去滿清貴族這一主要客源的正興園，生意日漸凋零。藍光鑒三兄弟另起爐灶，創立了榮樂園（參見第14頁）這個川菜第一個現代意義上的餐廳，培養出一大批在川菜發展歷史上做出突出貢獻的弟子們。如第一代的張松雲、孔道生、劉讀雲、周海秋、朱維新、吳朝棟、毛齊成、曾國華、華興昌、毛樹雲；第二代的楊孝成、曾其昌、陳廷新、王開發、胡先華、梁長元、繆青元、蔣學雲、黃佑仁、董繼篤、曹照國等，都是赫赫有名的川菜大師，榮樂園也成了川菜界名副其實的「黃埔軍校」。

這本書的精彩和珍貴之處，在於它完全填補了我們對川菜知識與理解的空白，回答了我們對川菜的諸多為什麼。

例如，我們雖然知道回鍋肉必須用二刀肉（按：坐臀肉，參見第46頁），卻不知道原來那是因為二刀肉的肉皮和瘦肉之間是肥肉，下鍋煮 20 分鐘便可撈起備用，五花肉則適合蒸和紅燒；做麻婆豆腐要用牛肉末，而且得勾三次芡，但因為南豆腐太嫩、北豆腐太軟，所以陳麻婆豆腐的豆腐都是自己做的，介於南北豆腐之間的豆腐；我們都吃過宮保雞丁，但其實正確的吃法是要用湯匙舀來吃，才能同時吃到雞丁的滑嫩、味型的甜酸、辣椒的糊辣香、花生米的酥脆；做魚香肉絲這道菜時，絕對不能加花椒和豆瓣醬，因為會破壞魚香味型，成菜的標準則是散籽、亮油，一線油（按：油微微滲出來，約一條線的寬度）。

除此之外，書中對於料理的描述更是金句不斷，像形容川菜的烹飪是「小煎小炒，火中取寶」；形容回鍋甜燒白時，則是以「所有食材都把自己最精華的味道貢獻出來」來形容，這些描述語句都猶如醍醐灌頂，讓人獲益匪淺，在此推薦本書給讀者。

自序
找回被遺忘的原始滋味

　　文化博物學家龔鵬程曾說過，中國飲食菜餚發展的邏輯核心是「味」。對味道精益求精的追求，使華夏飲食文化的發展，大大不同於講求進食環境和宴飲氛圍的歐洲貴族傳統。一餐下來，歐洲老貴族們吃得文雅、風流、高貴，名聲顯揚，但是否真的滿足了口腹之欲，吃得大快朵頤、身心舒暢，則似乎不在討論之列。

　　中華飲食菜系龐大，但作為中華飲食浩浩蕩蕩的譜系靈魂的，正是對各式各樣「滋味」的追求。大家知道，孔子當年就已經「食不厭精，膾不厭細」了，「知味」、「至味」之論在諸子各家論食的文獻中，也已經不斷出現。南北朝時期，起源於飲食品鑑的「滋味說」竟成為一種對詩文、對藝術的品評方式了。

　　須知，飲食是要天天吃的，除非有特殊的原因，否則味蕾的刺激是天天都需要的──那可是幾千年呢。在那麼長的時間之內，庖廚大師們代代創新、傳承，到今天，毫無疑問已經是高度的精益求精，極盡精妙而蔚為大觀了。而且同樣毫無疑問的是，中華飲食對「味」的探索，是一條永恆向前的河流，八大菜系中每一個有生命力的菜系，都會在各個時代不斷的返本開新，生生不息的創造著自己的過去、今天和未來。

　　說到各個菜系「滋味」的當代創造，大家最關心的是今天已經演進到哪？什麼樣的作法是此一菜系在當前時代的代表菜？我們一般人是不是也可以嘗一嘗、做一做……稍加分析，我們就可以看出，一般人所關心的代表性菜色應該有三大特徵：

1. 經典性：它是這一菜系的經典，比如魯菜、粵菜或川菜的經典菜色。
2. 創新性：它是經典但又賦予了創新，具有鮮明的時代口感，能夠普遍擊中當代人的口腹之欲，食之能暢快過癮。
3. 普遍性：它是家常的、普遍的口味，不必非得高檔宴會，是老百姓日常生活中喜歡食用的菜餚。

實際上，要達到這三大標準不容易。它要求：第一，菜餚須出自當代大師之手；第二，傳承的方法必須讓學習者易學易懂；第三，菜餚所用的食材須是普遍可得的家常食材，就是說，食譜所傳的內容具有普遍的可適用性。而這三點，正是這本《正宗川菜大典》的價值所在。

想要玩好川味，先弄懂傳統

首先，本書菜餚及作法全部來自川菜大師王開發（也就是我的師父）的講授，再加上「川菜百科全書」胡廉泉對其菜餚的歷史及故事的補充，以及前《四川烹飪》雜誌總編王旭東的指正。

我的師父王開發是**非物質文化遺產**（按：指各族人民世代相傳，並視為其文化遺產組成部分的各種傳統文化表現形式，以及與傳統文化表現形式相關的實物和場所）**「川菜烹飪技藝」首批代表性傳承人，也是中國首批註冊元老級烹飪大師中，僅存的三位川菜大師之一。**

他在1980 年拜張松雲為師。1982 年被派往美國紐約榮樂園（按：為中美合營的第一家川菜館）工作，後任廚師長。1988 年回國，在飲食公司技術培訓科任技術教師，參與 1990 年代川菜廚師的技術培訓，以及從三級到特一級廚師（按：中國廚師證共分為五個等級，分別是：初級廚師證、中級廚師證、高級廚師證、技師、高

級技師。特一級廚師指的就是高級技師）的技術培訓和考核，任培訓技術教師和考核評委。1997 年受聘為成都沙灣會展中心的首任行政總廚。

師父年輕學廚，基本功相當扎實，在齊魯食堂就精通紅白兩案（按：紅案特指加工副食一類，烹飪原料為主的工作，包括「炒、燜、煎、溜、燴、烹、炸、熬、汆、燉」。而白案是對製作麵點，以及相關麵食製品工作的代稱。白案廚師在餐飲行業裡只負責製作糕團、麵點，不參與炒菜類工作），在榮樂園又熟練掌握了傳統川菜的製作精華，刀工更是享譽業內，被稱為「王飛刀」。

師父著有《新潮川菜》和《精品川菜》兩本書。其弟子眾多，其中很多是在川菜領域裡造詣不凡的師兄。師父堅持川菜傳統經典結合現代社會飲食理念，傳承發揚傳統川菜，創立了以師爺名字命名的「松雲」門派。

2016 年師父與川菜眾多老師傅一起創立了「川菜老師傅傳統技藝研習會」，並被推選為創始會長。2017 年 10 月，師父聯手弟子張元富，共同開辦的「松雲澤」包席館，為傳統川菜的傳承搭起了平臺。2021 年 11 月，四川省文化和旅遊廳確定王開發、張中尤、盧朝華等人為國家級非物質文化遺產「川菜烹飪技藝」代表性傳承人。

自拜師後，我一直在琢磨「川菜的口述歷史」，想著即使花費 10 年，甚至更長的時間來做這件事都是值得的。這幾年在與師父共同探討和籌備的過程中，不知不覺先有了這幾十道師父親自講述的傳統經典川菜。於是，提前集結成冊，以饗讀者。

其次，為了避免四川方言閱讀上的不便，本書盡量使用書面語言。文字力求靈活、生動、新鮮、有現場感，避免傳統食譜書系的呆板語述，並配以相應菜餚圖片，使經典菜餚的作法能夠普遍被理解，有聲有色的傳布在普通老百姓的日常生活之中。

最後，食材、作法具有通用性標準。全書以菜餚為中心，每菜一品，從主材、刀工、調味料到火候、色澤、工序，諸多環節、標準詳盡具體，絲絲入扣，極富可操作性。

從根本上看，「滋味」當然是從作法而來的。本書最顯著的特徵就是詳盡生動而專講作法。在幾十道菜的烹飪講解之後，本書還附有當代川菜特有的調味料種類及用法指要。這樣易懂易學的菜餚作法口述實錄，幾乎可稱得上是當前還健在的川菜大師，獨家傾囊相授。

現在，我們就從這裡開始，邊學邊做邊吃，一起吃出川菜的滋味來，如何？

▼ 表 1　人物大紀事。

1861 年	滿州人關正興開設正興園（榮樂園前身）。
1897 年	藍光鑑（有現代川菜的開山鼻祖之稱）進入正興園，師從貴寶書（關正興之子）。
1911 年	藍光鑑與師叔戚樂齋合夥創立紅旗餐廳。
1976 年	王開發至紅旗餐廳參加培訓學習。
1980 年	紅旗餐廳改名為榮樂園、王開發正式拜張松雲為師。6 月，成都市飲食公司在美國紐約合資經營的榮樂園正式開業。
1982 年	王開發被派往美國榮樂園工作，後任廚師長。
1988 年	王開發回中國，在成都市飲食公司培訓科擔任教師。
1997 年	成都沙灣會展中心聘王開發為首任行政總廚。
2017 月	王開發聯手弟子張元富，共同開辦松雲澤餐廳。
2021 年	四川省文化和旅遊廳確定王開發等人，為國家級非物質文化遺產「川菜烹飪技藝」代表性傳承人。

1
PART

大師風範演繹經典

01

非物質文化遺產代表性傳承人
——王開發

　　王開發，國家非物質文化遺產「川菜烹飪技藝」首批代表性傳承人、中國首批註冊「元老級烹飪大師」中僅存的三位川菜大師之一、川菜老師傅傳統技藝研習會創始會長、中國烹飪協會授予的首批「中國烹飪大師名人堂尊師」中唯一的川菜大師。

　　1945 年 2 月 28 日，成都梵音寺街，一名男嬰在一戶從事銅藝作坊的人家誕生，他就是我的師父王開發。中華人民共和國成立後，銅被列為「戰略物資」，師父的父母由銅藝製作轉行為做小生意以維持生計。

　　1960 年的一天，師父的舅舅跟他的母親說，有一個到重慶學廚的內推名額，可以從自己的親屬裡選一人去學廚。師父的母親詢問他的意願，但師父表示不感興趣。

　　師父的舅舅周海秋，師承川菜宗師藍光鑒，先後在成都榮樂園、重慶白玫瑰、姑姑筵、頤之時等餐館司廚；1950 年代曾為溥儀做過菜，溥儀對他烹飪的「紅燒熊掌」讚不絕口，還親自向他敬酒；他還曾為陸軍一級上將、四川軍閥劉湘料理家庭膳食。雖然舅舅是一代名廚，師父從小跟著舅舅耳濡目染，但當時卻沒有學廚的興趣，於是拒絕了舅舅的好意。

　　誰知一年後，師父還是陰差陽錯的進入了飲食業，到齊魯食堂做學徒，成了一名廚師，並終生以此為業。

師父每每回憶起小時候的這段機緣，都會感嘆：「這些都是緣分呀。你看我當時沒有跟著舅舅去學廚，後來還是進入了廚師行業；舅舅是藍光鑒的徒弟，後來我又跟著藍光鑒的徒弟，即我的師父張松雲學廚，成為了『榮派』的第二代傳人。」

▲ 中國川菜非物質文化遺產代表性傳承人──王開發（2020 年攝於家中）。

榮樂園，川菜鼻祖老店，有川菜黃埔軍校之稱

位於提督西街的齊魯食堂，是 1960、1970 年代成都唯一的一家山東風味餐館，師父在那裡打下了扎實的基本功，涼菜、墩子、爐子（按：涼菜主要負責醃滷、炸收、涼拌的製作，以及高中檔宴席的冷菜造型和雕花；墩子負責菜餚烹調前的切配；爐子則是負責烹調菜餚）、麵點等活路，樣樣都能獨當一面。同時師父練得一手好刀法，與當時同在齊魯食堂的曾廣誼、錢壽彭兩位師兄弟，並稱為「三把刀」。

那時候，早上最早到店的，通常是王開發、曾廣誼、錢壽彭

三人。每當肉一送到店裡，他們便要搶著拿肉。只有早到店才能搶到更多的肉，才可以多切多練。搶到肉之後，剔骨、分料、切肉，所有動作一氣呵成。當時一般廚師都是用推刀法（按：垂直下刀後將刀向前推，直到切斷），他們則跟王瑞祥師傅（山東廚師，王開發學廚的啟蒙老師）學拖刀法（按：先將刀向前虛推，然後再往後拉切斷），拖刀刀法動作快、好看、效率高。

齊魯食堂的學徒生活，為師父的廚藝打下了堅實的基礎，而師父對於司廚的信心，則是在榮樂園建立的。

榮樂園，成都著名餐廳，創辦於 1911 年，是中國近代川菜的發源地之一。創辦人為名廚戚樂齋、藍光鑒師叔侄二人。榮樂園以製作高級筵席和家庭風味菜餚見長，著名菜式有紅燒熊掌、蔥燒鹿筋、清湯鴿蛋燕菜、乾燒魚翅、酸辣海參、蟲草鴨子等，成菜也有獨到之處。各種湯菜的製作也十分講究，品類繁多，頗有特色。

榮樂園在近代川菜的發展史上占有獨特的地位。它為繼承發揚川菜烹飪技藝做出了積極的貢獻，還為川菜行業培養出一大批優秀烹飪技術人才，被業界稱為「川菜的黃埔軍校」，如成都的特級廚師張松雲、劉篤雲、孔道生、曾國華、華興昌、毛齊成、陳廷新、曾其昌等，均為其嫡傳或再傳弟子。1971 年以後，榮樂園又成為成都市飲食公司的重要技術培訓基地，幾十年來，培養了大量的優秀廚師，分布於四川各地，特別是成都。

師父第一次到榮樂園是 1976 年 11 月，那時榮樂園的名字還是「紅旗餐廳」（1980 年改為榮樂園）。而師父去那裡的機緣，是因為成都市飲食公司派他參加「七二一工人大學」（按：為國營工廠所辦的大學）培訓學習，學習地點正是紅旗餐廳。

那時候，榮樂園的老師傅大都年事已高，基本上不再親自示範，而是由年輕學員實際操作，他們只負責講解點評。所以，當老師傅們講解菜餚時，師父總是踴躍爭取上灶操作：「張大爺，我

來喔！」、「孔大爺，我來喔！」、「華大爺，我來喔！」（按：
「大爺」在川菜圈裡是一種尊稱，表示對方德高望重）這樣每次操作
可以得到老師傅的指點，廚藝提高更快。

在《四川烹飪》雜誌工作三十多年的王旭東，不僅見證了
川菜近幾十年的發展與變化，還為川菜烹飪事業的傳播和發展做
了許多的工作，因此，他很有發言權：「大爺們見王開發基本功
扎實，比較機靈，又肯做事。他沒有一來就說自己是周海秋的姪
子，而是老老實實搶著幹活，再加上華興昌（華大爺）與周海秋是
連襟（按：姊妹的丈夫彼此互稱）關係，所以，大爺們也喜歡將身
上的真本事傳授給他。」從這個角度來說，師父的技術不是只在一
個師傅身上學到，而是從多位「大爺」身上學到的。

培訓期間，餐飲公司舉辦了一次學員的刀工比賽，師父也是
參賽者。

▲ 1980 年，王開發（右）與李澤勇（左）在榮樂園（騾馬市）合影。

▲ 1977 年成都市飲食公司在榮樂園舉辦的刀工比賽。

「每人一片豬（半頭），要把骨頭下完，排骨、腿等切割下來，旁邊還有人計時。我下刀沒多久轉頭一看，發現旁邊的人都開始下後腿了，趕緊加快速度。等我弄完一看，旁邊的人還在做，緊張的心終於放下來。」師父在那次刀工比賽中，以 2 分 17 秒的成績榮獲第一名。

一年以後，師父從七二一工人大學畢業，不久後正式調入紅旗餐廳。師父再次回到紅旗餐廳後，對他幫助和支持最大的就是師爺張松雲。

張松雲，14 歲進入榮樂園，師從名廚藍光鑒。曾先後在成都大安食堂、重慶白玫瑰、成都耀華餐廳、成都餐廳、玉龍餐廳等著名餐館司廚。中華人民共和國成立後，他經常到成都金牛賓館為來成都視察的國家領導人司廚，並多次參與大型宴會的菜餚製作。

他技術全面，除了擅長料理山珍海味外，製作的家常風味也很有特色，如罈子肉、南邊鴨子、酸辣海參、軟炸雞糕、家常魚麵、口蘑舌掌（按：口蘑為生長在蒙古草原上的一種白色傘菌屬野生蘑菇）等，都是他的拿手之作。1959 年他與孔道生等人口述、經人整理後出版了《四川滿漢全席》一書。

師父回憶起他剛到榮樂園時，張大爺已近 80 歲了，每天仍會來廚房看看。「他的砧板擺在最前面，沒有人指望他切菜，但還是會幫他準備好以示尊重。到了吃飯時間，張大爺就會摸出 4 角錢買一張榮樂園的菜票，然後說：『小王，給我炒份鹽煎肉』。

我把肉抓好，爐子旁邊本來站了 6 個人，這時候一個都不在了，都害怕給張大爺炒菜，怕炒不好挨罵。只有我不怕，有時炒好端上去他會說：『你看你今天炒的啥子，水氣都沒收乾。』」

師父說，雖然那時經常挨師爺和其他老師傅罵，但心裡是有底的，因為他知道這是老師傅在教他，罵他是對他的技術指導和嚴格要求，「老師傅罵聽著就是了，我自己用心聽、用心學才是硬道

理。」師父正是在這樣的罵聲中體會技術要領，逐步提高廚藝，從中學到很多傳統菜餚。

1980 年 5 月，師父正式拜張松雲為師。拜師之後，師父跟著師爺學到了許多高端筵席菜餚的作法，烹飪技藝進一步提升。很多傳統名餚，師父之前聽都沒有聽過，他後來最喜歡做的蹄燕羹（按：蹄燕是指豬蹄筋）也都是跟著師爺學的。

1980 年，紅旗餐廳名字正式恢復為「榮樂園」，師父因為潛心學習各位老師傅的烹飪技藝，技術夠好，被任命為廚師長。

1982 年春，師爺張松雲以 82 歲高齡去世。師父說，從正式拜師到師爺離世，雖然只有短短 2 年的時間，但師爺對他的關愛，

▲ 1980 年，張松雲（中）和王開發（右一）在廚房。

他仍然感念至今。師父還說，以前最喜歡聽師爺說「開發，來做」這4個字，聽到這4個字，心中就充滿了溫暖。因為師父深知：「喊我做實際上是抬舉我，不喊我做，我可能永遠都是懵懵懂懂的。自己上手去做了，師父一指點，才明白其中的原理。」如今，師父只能在回憶裡重溫這份溫暖了。現在師父的家庭相簿裡，還保留有很多師父和師兄弟們與師爺的合影。

巧手刀工，馬鈴薯變身精緻雕花藝術品

創刊於1916年9月的日本《主婦之友》，以登載烹飪、裁縫、育兒等生活實用性內容著稱，備受女性讀者的青睞，是日本四大女性雜誌之一。1980年代初，「主婦之友」雜誌社出版了一套名為《中國名菜集錦》的食譜，其中榮樂園的部分菜餚，大都由師父負責製作。

當我在師父家裡看到這套食譜時，師父說：「榮樂園菜餚的製作，主要是由幾個大爺定菜名，其中的香花魚絲、包燒雞等8道菜，都是由我製作完成。你看，照片上的我正在烤雞。當時，這件事情地方政府很重視。要求各地方先把菜名報上去，報完菜名還要想咋配餐具。我記得，當時我們還到省、市博物館裡借了家具和盤子，都是些古董啊，咋個不精美嘛！」

「你看，香花魚絲裡的香花都是假的嘛，那個時節恰好沒有花，我就用馬鈴薯雕的花。」

圖片上栩栩如生的黃色香花，如不細看還真看不出有什麼破綻，讓人驚嘆師父的高超雕工（參見右頁下圖）。

「1983年第一次出版的《中國名菜集錦》共有九卷，四川就占了兩卷。這套食譜圖片極盡精美，在日本售價12萬8千日圓一套，在中國為人民幣1,800元一套（按：若依2023年3月10日

▲《中國名菜集錦·四川卷》中，
王開發製作的包燒雞。

▲《中國名菜集錦·四川卷》中，
王開發製作的糖醋脆皮魚。

▲《中國名菜集錦·四川卷》中的香花魚絲。

匯率，人民幣兌新臺幣的匯率約 1：4.509，人民幣 1,800 元約新臺幣 8,116 元，本書若沒有特別註明幣別，皆是指人民幣），對於那個年代來說堪稱天價！」王旭東對這件事記憶猶新。

如今，翻看這些精美的川菜圖片，在感慨於菜餚與圖片的精美之時，又不免有些悲哀，因為圖冊上的一些經典菜已失傳，成為絕唱。

三下五除二，殺豬、烤豬、做餅難不倒

1982 年，成都進行了特級廚師考核，師父回憶道：「要滿 20 年的工齡（按：工作人員的年資）才有資格報名，我剛好滿了，又有在榮樂園當廚師長的經驗，再加上『三把刀』的名氣，符合特級廚師考核要求。那個時候對於特級廚師的考核相當嚴格，跟考狀元的感覺一樣。」

時間拉回到 1982 年，成都芙蓉餐廳正在進行特三級廚師的實際操作考試。師父第一個上臺抽籤、也是第一個上臺操作的人，他抽到的考試題目是「烤乳豬」，其他人有抽到做雞、做鴨或魚的，但屬烤乳豬最難，因為要從殺豬開始。

在一個竹子編的圍欄裡，師父三下五除二（按：比喻做事明快），以最快的速度逮住一頭乳豬。隨即開始宰殺，殺完刮毛，再用開水燙。當師父埋頭苦幹時，猛一抬頭，發現身後站了好多人。師父以為是自己的攤子擺得太開，擋到別人了，就想往旁邊挪一挪。結果，師父一挪，那些人也跟著動。後來師父才明白過來，那些人是在觀摩，要向他學，看他怎樣殺豬。

除了考殺豬、烤豬，還要做酥餅。酥餅，拿滿族人的話來說就是「片兒餑餑」（按：音同波，指糕點或饅頭一類的食品），是拿來烤的，中間夾點酥，再蘸點芝麻。並且，酥餅是跟著烤豬一起

上菜的。當上烤豬時，把酥餅劃開，裡面夾一點片好的烤豬肉，這才算完成考題。

說穿了，就是紅、白兩案都要通。當然，1982 年的特級廚師考試，遠不止這麼簡單。據王旭東回憶：「那一年，成都市推薦的名單裡就有王開發，西城區考取的就只有他一個！也只有那一年（1982 年）才是真正意義上的全封閉式考試。」

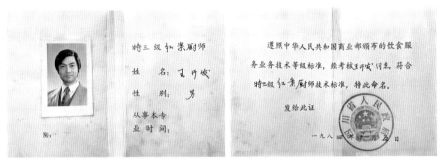

▲ 1984 年，王開發獲得由四川省人民政府蓋章認可的技術等級證書，這也是唯一一次由省政府蓋章頒發的證書，後來的都是由飲食行業技術考評委員會頒發。

師父考完特級，還沒有拿到「本本兒」（按：證書），就被成都市飲食公司派往紐約榮樂園工作。

這裡簡要說一說美國榮樂園的由來。據王旭東回憶， 1978年，四川飲食公司邀請香港世界貿易中心總經理伍淑清到四川考察。伍女士回到香港後，次年舉辦了一個表演賽，向全世界展示川菜藝術。1979 年 4 月，四川派出了由川菜大師劉建成帶隊的廚師團隊到香港表演，取得了巨大的成功，「一菜一格，百菜百味」的美譽，很快傳遍了整個亞洲和歐美國家。

當時受邀的還有美籍華人伍承祖，表演賽後，伍教授就有了在美國創辦一家榮樂園的想法。後來，他和四川省飲食公司合資成

立了美國美屬健康食品有限公司。隨後，「美國榮樂園」進入籌備階段，曾國華大師帶隊前往紐約主理榮樂園。同年，美國紐約榮樂園開業，這是中國改革開放後第一家與外方合營的境外川菜館。

　　1982 年秋的一個晚上，師父到達紐約。那時，美國榮樂園已經在紐約第二大道 44 街開業 2 年，生意火紅。在紐約榮樂園工作期間，師父跟著曾國華大師增長了技能。師父說：「曾大爺也很凶，但他越凶我，我心裡反而越高興，因為我知道那是曾大爺在教我。」曾大爺雖然說話重，但師父並沒有因此氣餒，心裡反而有股使不完的勁，拚命要做好工作。「這些老師傅越是對你有要求，越是說明看得起你，他們內心其實是想讓你廚藝能夠提高。」

　　1985 年美國榮樂園搬遷，1987 年師父擔任榮樂園廚師長。師父在紐約榮樂園司廚時接待過各界名流、政商人士，其中印象比較深刻的一次司廚，是鄧小平的女兒鄧榕到榮樂園就餐。那天，伍

▲ 1984 年王開發在美國紐約曼哈頓東 44 街 322 號榮樂園大門口。

▲ 1984 年王開發（左）與曾國華在紐約榮樂園合影。

教授（美國榮樂園的老闆）跟師父說：「你們小平同志的女兒來了，你做幾個菜吧！」

在為鄧榕做了幾道家鄉味菜餚後，師父還特別精心準備了一個水果籃，並在白瓜瓜皮上雕刻了兩句詩：「精烹細調家常味，盛情款待故鄉人」。據師父說，鄧榕、伍先生和師父都是四川人，於是他刻了那麼兩句，鄧榕看到以後非常高興。

師父在美國買的最奢侈的東西，就是一臺尼康（Nikon）相機。要不是這臺相機，我怕是見不到師父他老人家當年在美國的生活情景了。

紐約榮樂園的調味料如郫縣豆瓣、泡辣椒、保寧醋、醬油、花椒等，都是從四川運過去的，廚師們做出的川菜非常道地，保持了川菜的原汁原味。當地客人還是用筷子就餐，同時給他們配了刀叉，菜的味道是該辣的就辣、該麻的就麻。師父說，當時榮樂園在美國之所以生意興隆，就是因為他們沒有刻意迎合外國人口味，而改變自己本來的作法。川菜出國，是因為它的川味吸引了客人。進來的客人如果嫌川菜麻或辣，那他們為什麼要進來吃呢？他們不就是想品嘗川菜獨特的味道嘛。

1987 年 5 月，師父的父親病逝。年底，師父的母親也病了。為了照顧母親，1988 年底，師父辦理了交接手續，結束了在紐約榮樂園的工作，回到成都。

用實力打破川廚薪資天花板

回國之後，師父在成都市飲食公司培訓科擔任老師，負責對外培訓廚師和廚師考級等工作。從 1988 年底到 1995 年，師父先後培訓了來自全國各地的廚師四千多人次。

1992 年的特一級廚師考評科目要考開菜單，那時很多學員由

於受條件的限制，從來沒有機會開過菜單。於是，不少學員都跑到師父家裡請教如何開菜單。

「我那個時候腦子越用越好用，給每人各開兩張菜單，我口述他們記下來。」、「來的人太多，都擠在梵音寺那條小巷子裡。一批人在門口等，一批人在屋裡頭，邊聽我說邊記錄，害得我母親只好在巷子口幫他們顧車，因為害怕丟掉嘛。」

「給屋裡頭的人講得差不多了，外頭的人又進來了。」當時因為來家裡的人太多，搞得派出所懷疑師父在做什麼非法活動。派出所的人跑來問師父的母親：「妳兒子開發在幹啥子，咋個那麼多人？」師父的母親解釋說，他的學生就快要考試了，都是跑來問他問題的。

後來，為了方便學員學習，師父當年便開始著手編寫《教學食譜》。1992 年 3 月，《教學食譜》正式成為成都市飲食公司技術培訓科、成都市飲食公司川菜技術研究培訓部廚師培訓班的上課教材。

▲ 王開發為 1991 年一級廚師考核培訓班做操作示範。

1994 年 6 月，師父著的《新潮川菜》由四川科學技術出版社出版。該書收錄了 150 種川菜、30 例筵席菜單。

1997 年 4 月，成都沙灣會展中心即將建成，董事長鄧鴻找到師父，邀請他擔任餐飲部負責人。師父這些年雖然以教學為主，但同時一直關注著行業動態。那時川菜師傅的地位和待遇遠遠不如粵菜師傅。師父當時想，川菜師傅的手藝並不比粵菜師傅差，為什麼不能要求跟粵菜師傅差不多的待遇呢？於是，師父向鄧總提出年薪 30 萬元（稅後）的「高價」，沒想到鄧鴻毫不猶豫的答應。

這在當時的成都川菜界成了「驚天動地」的大事。一時間，師父成為當時薪資最高的川菜廚師，在行業內傳為佳話，都說師父「為川菜廚師爭了口氣」。這件事後，川菜廚師的收入得到了整體的提升。從某種意義上說，是師父提升了當時川菜廚師的行業地位和收入水準。

師父回憶說，其實他那個時候也不是憑空要價的。畢竟那時師父在天津塘沽一個月薪資已經兩萬多元，會展中心規模那麼大，事情那麼多，下面各部門經理年薪都不會少。所以師父一開口，鄧總立馬拍板同意。師父那時不僅是餐飲部的總經理，還擔任了行政總廚職務。會展中心一樓設西餐廳，四樓設速食廳、粵菜廳，五樓是川菜館香滿園，而香滿園生意最好。

香滿園是筵席制，一次可以接待 50 桌至 60 桌的婚宴、壽宴等。「當時香滿園一桌席大概 1,000～2,000 元，在成都算是最高檔的了。香滿園的筵席菜一般為 6 個涼菜、8 個熱菜，還有湯菜、麵點。」師父至今仍記得，成都沙灣會展中心開業那天，僅餐飲業態一天就入帳 30 萬元。

那時的沙灣會展中心，是成都市最高端的地方，宴會廳的出品、工藝、容量等都是成都最頂級的。當時全國的餐飲行業紛紛派從業人員前來參觀學習。

在王旭東看來，沙灣會展中心香滿園川菜館的成功，開啟了川菜廚房現代化管理的新紀元。

「王開發在眾多川菜老師傅裡，是第一個進入大餐廳統領全域的人物。在沙灣會展中心的幾個大廚房，短短一年多就培養了一批懂得廚房現代化管理的人才。」

當傳統川菜邂逅華麗米其林……

退休之後的師父，仍然為川菜技藝的傳承發展不遺餘力。

2016 年 1 月 18 日，川菜老師傅傳統技藝研習會成立大會在成都召開。參加成立大會的有中國烹飪大師黃佑仁、繆青元、蔣學雲、梁長源、胡顯華、路銘章、黃新華、李德福、陳伯鳴、胡廉泉等一百二十多位平均年齡 70 歲的川菜大師。研習會立志復原瀕臨失傳的傳統川菜，會上師父被推選為創始會長。研習會成立的消息被媒體報導後，引起了很大的迴響。

2016 年 5 月初，師父在接受《紐約時報》記者採訪時表示：「川菜正面臨危機。雖然川菜已走向國外，然而，川菜的路也越走越窄了。」因為在外地人的印象中，川菜只剩下一個「辣」字。而更讓師父擔憂的是，一些傳統老川菜正在消失、被遺忘。「荔枝腰塊、雪花雞淖……這些都是川菜。別說吃了，很多人聽都沒聽過。如果再不引起重視，10 年後將再無道地川菜。」

面對川菜亂象叢生的局面，2017 年，師父和我的師兄張元富在成都開設了一家川菜傳統筵席包席館——松雲澤。取名「松雲澤」，是為了銘記張松雲的恩澤，招牌是師父手寫的。

2017 年 10 月 1 日那天，松雲澤正式開門迎客。

松雲澤剛開張時很多人都不看好，認為傳統川菜如今在市場上已無立足之地了。出乎意料的是，松雲澤一經亮相立即在成都餐

飲界引起了轟動。

　　一時之間，各路美食家爭相前來一品傳統川菜的至上美味。松雲澤的不少菜色，比如蹄燕羹、肝油遼參、紅燒牛頭方、肝膏湯、神仙鴨、罈子肉和炸扳指等，無不展現出川菜「以清鮮見長，以麻辣著稱」的精髓，讓食客們充分領略了，麻辣在川菜體系裡只是冰山一角。

　　2021 年 6 月，川菜烹飪技藝入選國家級非物質文化遺產代表性項目名錄（第五批）。經過推薦、評審，2021 年 11 月，四川省文化和旅遊廳確定師父王開發以及張中尤、盧朝華等 10 人，為國家級非物質文化遺產「川菜烹飪技藝」的代表性傳承人。

　　2022 年 1 月，松雲澤被評選為「米其林一星」餐廳。

　　而更令人欣喜的是，沒過多久成都相繼出現了多家類似的包

▲ 四川省國家級非物質文化遺產「川菜傳統烹飪技藝」的代表性傳承人證書。

席館。師父看到大家都在陸續參與進來，他老人家特別開心，感覺傳統川菜的傳承有望了。

師父桃李滿天下，我是師父眾多徒弟裡，唯一沒從事餐飲業的弟子。

2016 年年初，經詩人、美食家石光華引薦，我和師父在「帶江草堂」初次相見。後來，我又與師父多次交流，為師父的人品和技藝所折服，提出拜師請求，得到了師父的首肯。

2017 年 9 月 30 日，舉行了隆重的拜師典禮。拜師儀式由中國著名行銷大師李克主持，在引師（按：介紹入師門的人）楊孝成大師、保師（按：師徒雙方的擔保人）李德福大師及見證人張元富、石光華和現場兩百餘人的見證下，誠具名帖，恭行大禮，完成了拜師典禮。

▲ 作者向王開發（左）敬茶。（攝影：張浪。）

拜師帖曰：「開發先生尊鑒：川菜乃中華四大名菜之一，綜觀川菜百年，宏達勃發，大師輩出，蔚然大觀，名揚四海。榮樂園主人藍光鑒祖師，乃中國現代川菜之奠基人。榮派一系，至今已然根深葉茂，彪炳神州。張松雲宗師乃藍先生之開山弟子，為榮派第一代傳人。先生系出名門，得張松雲宗師之真傳，位列榮派第二代傳人，大藝傳揚，匠心獨運，聲名享於同道，成就遍及寰中。

「後學李作民雖未登堂入室，然篤好川菜文化，仰慕先生之風久矣。今願執弟子之禮，追隨左右，樹德修身，增識學藝，為傳承先生心得、弘揚川菜文化而奉獻終生。今誠具名帖，恭行大禮，求先生誨之、訓之，嚴以律之，傳道授業解惑為幸。後學願附先生驥尾，謹遵師訓，誠心向學，侍師如父、終身不渝。敬乞先生允納。」

傳統技藝的傳承，一直是媒體關注的焦點，拜師儀式受到各界關注，中國新聞社等媒體做了報導，在行業內產生了一定的影響。 拜師之後，我一直希望能為川菜的傳承發展做力所能及的工作。在與師父及眾多川菜大師的交流中，我發現川菜傳承發展面臨的考驗，是川菜歷史文獻嚴重缺失。

目前存世的川菜歷史資料多以食譜為主，關於川菜技藝、川菜知識的文史資料鳳毛麟角，鮮見於文字記載，而是都在川菜老師傅們的心中。

這與傳統技藝傳承的特點有關。自古以來，中國傳統技藝往往透過手藝人師徒口傳身授的方式代代相傳，但這種以人為仲介的傳承具有巨大的不確定性。首先，技藝本身的特徵與面貌，會在時間的推演下有所流變；其次，傳統老手藝人往往受文化水準不高的局限，造成相關的文字著作嚴重匱乏，一旦技藝師傅未能找到合適的傳人或發生意外變故，那技藝的傳承亦將終止而再難尋回。

如今，見證近代川菜發展歷史的老人家們年歲已高，保護川

菜、傳承川菜文化的任務已刻不容緩。若再不及時發掘、解讀、鉤沉川菜文化的史料，那麼許多資料終將隨著大師的故去，而消失在歷史長河之中。

經過慎重考慮，我決定以自己的歷史學專業背景為依託，以川菜口述歷史為切入點，為川菜的傳承與發展盡一份綿薄之力。川菜口述歷史，就是最接近川菜文化的途徑之一。它不僅能從史料的角度彌補現有文字材料之不足，更能揭開川菜文化中更真實、鮮活的一面，還原一段更加豐富的歷史。

2018 年 5 月，我開始訪談師父、胡廉泉和王旭東，著手川菜口述歷史的搶救工作，我們一起聊川菜、做川菜、品川菜。無論是現今市面上常見的「小煎小炒」（按：講究的是不過油、不換鍋、臨時兌汁、急火短炒一鍋成菜），還是那些幾近失傳，僅存於老舊食譜中的傳統名餚，以及美食歷史及背後那些不為人知的故事，他們都如數家珍，娓娓道來。

《正宗川菜大典》只是這些年來跟著師父做川菜口述史的初步成果。令人欣慰的是，四川省歷史學會已成立川菜口述歷史專業委員會，川菜口述史工作終於走上正軌。

（按：本文照片除署名外，均為王開發提供。）

02
川菜百科全書——胡廉泉

在本書的創作過程中，胡廉泉給了我極大的幫助。每次都是師父講菜，胡先生補充美食背後的逸聞趣事，用「川菜百科全書」來形容胡先生再恰當不過了。

2022 年 2 月 20 日，四川省烹飪協會與成都市烹飪協會顧問、川菜終身成就獎得主胡廉泉因病去世，享年 79 歲。消息一傳出，中新社、四川發布、川觀新聞等各大媒體紛紛發文悼念，嘆息先生離世乃川菜界的一大損失。

我和胡廉泉因川菜而相識結緣。近年來，我和我的團隊一直致力於川菜口述歷史的搶救工作，胡先生作為川菜的大師級專家，自然是川菜口述歷史的重要訪談對象。自 2018 年 5 月到 2020 年 6 月，我有幸多次採訪胡先生，與他一起聊川菜、做川菜、品嘗川菜。

胡先生去世前一週，我和師父去探望他，儘管當時老人家身體虛弱，但一談起川菜的事，就十分激動，他興致勃勃的跟我們談了 2 小時，講述了許多想法和觀點，並約定春暖花開時再接受我的訪談，商定的採訪重點就有《大眾川菜》當年的成書背景和過程等，如今都已成了遺憾。

1961 年 9 月，胡先生從成都名校七中高中畢業，又去成都市財貿幹校學了 3 個月的統計，次年 1 月分配到成都市飲食公司工作。據藍光鑒嫡孫藍雨田回憶，胡先生到財貿幹校報到時，正好遇到時任財貿幹校教師的藍雲輩（藍光鑒之子）正在講述榮樂園的掌

故（按：歷史人物、典章制度等的逸聞軼事），特別是藍光鑒在四川做的 2 次滿漢全席，使之深受震撼，遂決心要研究川菜。畢業時，他主動要求去飲食公司工作，開啟了川菜研究生涯。

在二十世紀，餐飲從業人員大都家境貧寒，往往十幾歲就開始拜師學藝，因此整個餐飲從業者文化水準普遍不高。胡先生的高中教育背景，使他較同時期餐飲業絕大多數人，有更高的文化素養，為他日後從事川菜的梳理、傳播工作，打下了堅實的基礎。

說起胡先生的故事，就得從他與書的緣分說起。

1960 年代初，胡先生的表妹在成都古籍書店工作，利用這個便利，他沒事就泡在書店裡，閱讀了大量與飲食相關的書籍和食譜。有先秦的《呂氏春秋》，東晉的《華陽國志》，北魏的《齊民要術》，唐代的《酉陽雜俎》，宋代的《清異錄》、《益部方物略記》、《東坡志林》、《仇池筆記》、《東京夢華錄》、《夢粱錄》、《都城紀勝》、《武林舊事》、《糖霜譜》、《山家清供》，元代的《歲華紀麗譜》、《飲膳正要》以及明清的《益部談資》、《蜀中名勝記》、《養生隨筆》、《隨園食單》、《食憲鴻祕》、《醒園錄》、《桐橋倚棹錄》、《廣群芳譜》等。

其中，最令他著迷的，莫過於清代袁枚的《隨園食單》和朱彝尊的《食憲鴻祕》。他把這些書借回去仔細閱讀，認真揣摩，後來又把《隨園食單》全書用毛筆抄錄了下來。

胡先生陸續收集了數十本 1920、1930 年代的食譜，這些食譜大都是南方菜，其中尤其以上海菜居多，有文化人時希聖的《家庭食譜大全》和《家庭新食譜》等書籍。《家庭新食譜》不僅有菜的作法、食材的使用，還有食俗、故事，將飲食與文化結合了起來。

書的內容是按四季編寫，什麼季節吃什麼菜、「東坡肉」是誰發明的、「陸稿薦」（按：位於中國江蘇無錫市的一家老字號熟

食店）是如何得名、杭州小媳婦巧烹鯯魚、鄭板橋吃狗肉的故事等，都令他印象深刻。

在古籍書店，胡先生讀到了中國最早的西餐烹飪書《造洋飯書》、明代王磐的《野食譜》等。再加上胡先生當時從事餐飲培訓工作，與外地從業者多有交流，上海、山東以及東北等地飲食業的不少同行，寄了當地的食譜給他，有油印本，也有鉛印本。

胡先生既讀書又藏書。1991 年四川省舉辦了「第二屆天府藏書家」活動，胡先生因藏書萬餘冊，獲「天府藏書家」稱號。胡先生藏書有文史類也有飲食類，其中就包括不少老食譜。最近 20年，買書雖然沒有以前多，卻跟上潮流，讀起電子書。據先生粗略統計，他所收藏的電子書也已有幾千種，與飲食相關的電子書多達六百餘種。

胡先生平時還愛好書法、看戲，對「小學」（中國古代研究音韻、文字、訓詁的學科）也頗有研究，尤其喜歡古代青銅器上的銘文。

▲ 胡廉泉書房一角。2018 年 7 月胡廉泉（右）
向作者展示他的電子書。

傳承記憶的味道，尋找川菜感動力

1950 年代，中國對私營工商業進行社會主義改造，推行公私合營，一大批餐館、小吃店都成為公私合營企業，1956 年，成立了成都飲食公司。

公私合營後，成都飲食公司雲集了張松雲、孔道生、曾國華、毛齊成、劉篤雲等一大批名師。胡先生說，中國解放前，飲食行業有一種說法：「千兩黃金不賣道，十字街頭送故交。」就是說千兩黃金都換不來把技術教你。師徒之間是一種競爭關係，教會徒弟，餓死師父。

國有飲食公司的成立，使烹飪技藝的傳承方式，發生了根本性的改變。而眾多大師的存在，使川菜烹飪技藝的發揚光大變成可能。透過總結、梳理老師傅的經驗，集結成一系列的培訓教材，進而公開出版，推動了川菜體系的形成，最終使川菜躋身四大菜系之中。

1972 年，胡先生被派往紅旗餐廳，協助老師傅整理烹飪技術資料，後又參與了由四川省飲食公司統籌的《四川食譜》內部資料編寫工作。該書在 1979 年 5 月榮獲四川省革命委員會科學技術委員會授予的「科學技術三等獎」。

1987 年 9 月，在四川省烹飪協會成立大會上，胡先生受曾國華大師委託發言，題目是：「淺談川菜的湯」，這篇發言稿由曾國華大師口述、胡先生整理成文。曾國華是四川省政府任命的特級廚師，師承名廚藍光鑒，多次為外國國家元首、貴賓製作筵席。之後胡先生曾為多位川菜大師整理他們多年司廚的心得，先生說他從中也受益匪淺。

無論是現今市面上常見的「小煎小炒」，還是那些幾近失傳，僅存在於老舊食譜中的傳統名餚，這些美食的歷史及背後那

▲ 1970 年代，曾國華（前排右三）、張松雲（右一）、江松亭（後排左二）等大師，在紅旗餐廳探討《四川菜譜》。

些不為人知的故事，胡先生都如數家珍。「一菜一格，百菜百味」、「急火短炒，一鍋成菜」，這些耳熟能詳、最能反映川菜鮮明特徵的標誌性話語，正是胡廉泉等川菜大師們的總結提煉。

胡先生利用自己所學，對古籍食譜做了許多註解及校對，並把川菜行業的技藝由口頭化語言轉換為規範化用語，是建立川菜理論體系的奠基人之一。

早年在技術培訓班和七二一工人大學時期，胡先生在跟老師傅工作交流中，無意中發現了老川菜食譜有借用字、諧音字、錯別字的問題。在過去的食譜裡，有許多文字表意不明，現代人看不懂，比如「芝麻脯海參」，芝麻脯應是「麻腐」（一種用芝麻粉與綠豆粉製成的半成品）之誤，麻腐是麻醬海參的底子；「護

◀ 1978 年，張松雲（右四）
在紅旗餐廳講解刀工。

◀ 1978 年，曾國華（右三）
在紅旗餐廳親自示範油燙鴨。

◀ 1970 年代孔道生（右二）
在成都餐廳講解麵點製作。

臘海參」應是「糊辣海參」，也就是今天的「酸辣海參」；「坐魚」，胡先生在《中藥大詞典》一書裡查到，其實就是田雞。

會出現這些別字，是因為過去的師傅們年紀很小就開始做學徒、文化水準不高，所以食譜裡的很多字，都是廚師們借用的同音字。老食譜中的借用字，只有像胡先生這樣既了解行業術語又有文化知識的人，才能理解並訂正。

用王旭東老師的話來說：「胡大爺對行業內的貢獻是潛移默化的，以前的食譜整理，多多少少都受到了他的影響……。」

懂味、知味，才能傳承美味

1971 年，成都市飲食公司開辦了為期一年的技術培訓班，胡先生被分配到培訓班工作。培訓班以當時的紅旗餐廳作為川菜培訓基地，由張松雲、孔道生、曾國華、毛齊成、劉篤雲、李志道等任教，大師們親自操作、親自講解，學員也是從各餐廳選拔的青年廚師中的佼佼者，培養了數百名中青年廚師，成為省內外餐飲行業的技術標竿。

胡先生擔任了培訓班的文化教學，他有文化又很好學，在跟名廚們的交流中，把他們的菜式、經驗等記錄整理下來，形成講義。胡先生的講義文字乾淨、不花俏、有乾貨（按：內容扎實的意思），形成了食譜的基本格式，今天的川菜食譜格式，大都是按照他的規格。

胡先生回憶：「那個時候，還沒有正經八百的教研室（按：指專門從事教學研究的機構），老師傅們約我去觀摩他們做菜，每次做完菜，他們都會講講每道菜的技巧和訣竅。榮樂園的大爺們比較喜歡我，每次學員期中測驗，都要把我喊去當陪考官。大爺們一般不試味道，喊我試。」當大爺們講解著某道菜好在哪裡、某道菜問

題出在哪裡時，胡先生都默默的記在心裡。

1981 年至 1983 年，為了提高成都市飲食公司員工的技術水準，技術科在公司辦了個全方位、多層次的技術培訓，分別在「成都餐廳」辦了高級班（研究班），在「榮樂園」和「芙蓉餐廳」辦了中級班，在公司所屬其他餐廳辦了初級班；同時還結合餐飲的特點，開辦了白案小吃班、冷菜班和醃滷班等。為此，胡先生與劉建成等人共同編寫了《教學食譜》、《成都名小吃資料》，供培訓教學之用。

從 1984 年起，胡先生參與了成都地區高校炊事人員的技術培訓和技術職稱的考核。1984 年 6 月，被聘為成都市飲食公司青年烹飪協會的常務顧問。1985 年 3 月，被聘為成都市高等院校炊事技術考評委員會顧問。

1985 年下半年，胡先生擔任成都市財辦成立的成都市飲食業技術職稱評審領導小組考核組負責人，負責編寫複習提綱，實際操作的出題、考核，文字測驗的命題、閱卷以及制定論文的選題、答辯等項工作，以後他又多次被四川省勞動廳等相關部門聘為職稱考核的評審委員，擔任考評工作。

1986 年，胡先生參與成都市烹飪協會的籌建工作，1992 年於成都市烹飪協會第一次代表大會當選為常務理事。1987 年四川省烹飪協會成立，胡先生被選為常務理事。

胡先生在培訓工作中，積累了大量的經驗，收集整理了大量的食譜，為後來的著書立說打下了堅實的基礎。先後參與編寫、審定了《中國烹飪辭典》、《川菜烹飪事典》、《大眾川菜》、《筵款豐饈依樣調鼎新錄》、《中國食譜》（四川）、《中國名菜集錦》（四川）、《中國名食譜》（四川風味）與《四川食譜》、《家庭川菜》、《教學食譜》、《成都名小吃資料》等一系列川菜書籍。

▲ 1979 年版《大眾川菜》初版的菜餚配圖。

1985 年，胡先生開始校注《筵款豐饒依樣調鼎新錄》，該書被中國商業出版社納入《中國烹飪古籍叢刊》，於 1987 年 10 月出版。

2008 年 6 月，由胡先生和李朝亮口述、羅成章記錄整理，共同編寫的《細說川菜》，由四川科學技術出版社出版，這是胡先生 40 年來從事川菜教學和實踐的集大成之作。而他與人合編的《大眾川菜》、《家庭川菜》、《川菜烹飪事典》等書多次再版。

1981 年，胡先生參與了由四川省蔬菜飲食服務公司和日本「主婦之友」雜誌社合作出版的《中國名菜集錦・四川卷》一書的編輯工作。全套書為九卷本，其中，四川部分有兩卷。1981 年在

東京出版發行日文版、1984 年在東京出版發行中文版，後又發行英文版。

　　1984 年前後，胡先生與張富儒、熊四智一起主編了《川菜烹飪事典》，該書於 1985 年由重慶出版社出版，1988 年獲商業部科學技術進步四等獎，同年 9 月 29 日又獲由四川省科學技術協會、四川省新聞出版局、四川省廣播電視廳、四川省科普作家協會四單位頒發的「第二屆四川省優秀科普作品二等獎」。此後他還參與了《川菜烹飪事典》的增訂工作，並為「烹飪原料」新增寫了數百條詞目。

　　胡先生還曾參與《中國川菜》、《川味中國》等多部電視影片的拍攝，承擔學術顧問、解說詞撰寫等工作，1997 年退休之後，依然積極參與傳播川菜文化的工作。

　　「他是整個川菜界知識最豐富、文化素養最高的大師級專家。他走了，這個位置無人能補。他的去世，對川菜界的損失，難以估量。」巴蜀文化學者袁庭棟的這番話，正是對胡先生最恰當的評價。

（按：本文照片除署名外，均為胡廉泉提供。）

PART 2

你一定聽過的經典

回鍋肉
川菜第一菜

隨機問一個四川人他最喜歡的三道菜，「回鍋肉」一定位列其中。因為這道菜不僅是川菜的代表，也是家常菜的代表，素有「川菜第一菜」的美譽，在四川幾乎人人愛吃，家家會做。

早在 1960 年版的《中國名菜》一書中，對回鍋肉就有「此菜為四川首創傳統名菜，味濃而香，與青蒜合炒，紅綠相間，色味俱佳」的描述。

然而眼下，這道「源於民間、名於酒樓」的回鍋肉卻呈現一派亂象，用師父的話說就是：「亂七八糟。」

師父常常感嘆：「現在是一幫不會做川菜的人，和一幫不會吃川菜的人在大談川菜，不會吃的人把廚師慣壞了，不會做的人把川菜糟蹋了！」

我的師兄張元富說：「這道菜，除了它鹹鮮帶辣的複合味，用豬身上哪個部位的肉？刀工、火候怎麼把控？加豆瓣也好，加甜麵醬也好，加醬油也好，怎麼加、加多少？它的成名是不是跟蒜苗有關？哪種作法才最正宗？這些都需要有個說法，要正本清源，因為回鍋肉是川菜第一菜。

「儘管說『食無定味，適口者珍』，但每道菜都得有個基本原則，哪些東西能變、哪些東西不能變，還是要講規矩，否則如何展現川菜『一菜一格，百菜百味』的鮮明特點？」

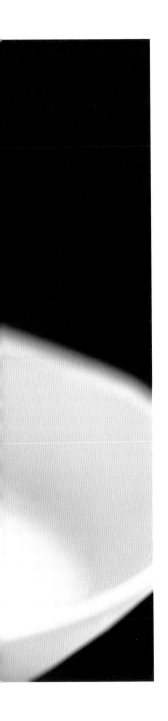

燈盞窩，拈閃閃

　　拜師後，師父花了很多時間和功夫教我品嘗川菜，從菜市場選料到師父親自下廚製作，每道菜，師父都詳細講解，從色、香、味、形、口感，一一道來，讓我盡享口福。吃進嘴裡的每道菜，都是經典的川菜，都是道地、正宗的川菜。一道菜端上桌，觀其色，聞其香，最多再拈一筷子，就知道對不對路，進而也就能迅速判斷它完美無缺，還是哪個環節出了問題。

　　聽師父講，在最初的時候，除了蒜苗，蒜薹（按：蒜的花軸）也常常作為輔料用在回鍋肉裡面，在沒有這兩樣時，就會加入大蒜來提味。雖說後來有了青椒回鍋、馬鈴薯回鍋、鍋盔（按：一種烙製麵餅）回鍋、鹽菜（按：鹹菜，各種新鮮蔬菜或野菜都可以用來製作鹽菜，如大芥菜、蘿蔔櫻）回鍋等各式各樣的回鍋肉，但蒜苗回鍋的味道、口感還是大家公認最好的。由此可以推斷，回鍋肉這道菜的成名一定跟蒜苗有關。而且，經過多年實踐，師父認為，蒜苗跟回鍋肉才是最佳搭檔。

　　怎麼樣的回鍋肉才是一份正宗且好吃的回鍋肉呢？

　　拿蒜苗回鍋肉舉例，**一盤合格的蒜苗回鍋肉端上來，顏色一定是紅亮、白皙、清綠**

三色齊全，並且肉一定是捲曲如半圓形的「燈盞窩」，筷子夾起它一定是一閃一閃的。

紅亮的是肉，白皙的是蒜苗莖，而清綠的是蒜苗葉；肉的形狀一定是捲曲的，嚴格來講，每個「燈盞窩」裡面都應該帶點油，用筷子拈起要有彈性。如果不紅亮，肯定是豆瓣和醬油的問題；如果白的不白、綠的不綠，肯定是蒜苗炒老了；如果白的依然白，而只是綠的不綠，一定是廚師將蒜苗莖和蒜苗葉同時下鍋；如果肉片不是捲曲的「燈盞窩」，拈起來沒有彈性，就不叫「拈閃閃」（按：指用筷子夾起來，肉微微發顫的樣子），這不是肉煮過頭，就是連肉的部位都選錯了。

入口是什麼感覺？師父說：「皮子咬著香糯，肥肉進嘴即化渣，瘦肉不柴，一咬就散，很滋潤。」所以，**判斷一份回鍋肉是否正宗，「燈盞窩，拈閃閃」是基本標準**。同時，從色、香、味、形到入口的感覺，只要任何一樣沒達到，都是失敗的回鍋肉。

主料、輔料、調味料一個都不能錯

那麼如何才能做出一盤正宗的回鍋肉呢？

毫無疑問，首先是選料。料有主料、輔料和調味料之分。

這道菜的主料當然是**豬肉**。但是哪個部位的肉最佳？按照師爺張松雲的說法，當然是**二刀肉**。所謂二刀肉是指旋掉豬尾巴那圈肉以後，靠近後腿的那塊肉，因為它是第二刀，顧名思義，就稱為二刀肉，此處的肉有肥有瘦、肥瘦搭配，一般來說肥四瘦六。

可以用五花肉代替二刀肉嗎？師父回答：「**絕對不可以！這兩個部位的肉，組織結構都不同。**」那為什麼現在很多人，甚至包括專業廚師都在用五花肉做回鍋肉？師父認為是這些人學藝不精，沒有搞清楚二刀肉和五花肉的不同之處：「兩者的組織結構不

一樣，二刀肉的肉皮和瘦肉之間是肥肉，下鍋煮 20 分鐘就可撈起備用；而五花肉的肉皮和瘦肉之間，那部分筋筋吊吊的東西不是肥肉，20 分鐘是絕對煮不熟的。**五花肉適合蒸或者燒，需要的時間長，比如粉蒸肉和紅燒肉。**」

關於輔料，儘管現在有加青椒的、加蓮白（按：高麗菜）的、加鹽菜的，甚至有加鍋盔、馬鈴薯、糍粑（按：麻糬）的，但師父認為，**回鍋肉最佳的輔料當屬蒜苗**。鑒於鹽菜比較有特色，以下我們僅以蒜苗和鹽菜為例來談。

蒜苗以初秋的軟葉蒜苗最香，此時的蒜苗又稱青蒜，蒜味不濃，但香味很濃。蒜苗的頭比較大，要拿刀輕輕拍破，將蒜苗白斜切呈兩頭尖尖狀，這樣蒜苗味更容易散發。**蒜苗白先下鍋**，香味就出來了，**再下蒜苗葉**，葉子下早了容易軟爛，形狀顏色都不好看，所以蒜苗要分兩次下鍋，這些都是操作的細節。另外蒜苗下鍋要炒熟，所謂生蔥熟蒜苗嘛。

若用鹽菜做輔料，就叫鹽菜回鍋肉。先將鹽菜洗乾淨放入鍋不加油炒乾，鏟起來剁細，小火再炒。炒肉要起鍋時，撒一把炒乾的鹽菜下去，快速翻炒使每片肉都沾上鹽菜末。加鹽菜的目的是增加風味，但出來的成品顏色也會有差異，紅色這部分會受影響。胡廉泉補充：「**回鍋肉在煮肉這個環節就加蔥、薑片和花椒，目的是去血腥。**花椒加與不加，問題都不大，但薑和蔥是必須的。」

回鍋肉為什麼要用豆瓣？因為回鍋肉是家常味型，家常就是居家常備、常用的意思。在四川，豆瓣、泡菜是百姓家中常備，也是做菜愛用的調味料。回鍋肉紅亮的色澤、鹹鮮帶辣的風味，就靠豆瓣來展現。因此，豆瓣也就成了家常味型的領銜調味料。

豆瓣在使用之前要剁得很細，並且在實際操作過程中，新和老豆瓣要配合使用。5 年、10 年的老豆瓣由於發酵時間長，故醬味濃香，但由於顏色太深，所以需要新豆瓣來調和。這樣炒出來的

回鍋肉才不發黑，才會紅亮。

為什麼還要用甜麵醬？師父說：「因為回鍋肉肥，而**甜麵醬解油、解膩、增香**。現在一些廚師在裡面加豆豉純屬亂來，豆豉是加在鹽煎肉裡的，由於鹽煎肉是生肉直接爆炒，豆豉恰好有壓腥味的功能。」

對於甜麵醬，師父補充：「如果乾了，就調稀。調稀有用水調的，也有用黃酒（按：如花雕酒、紹興酒）調的，最好就是用黃酒，因為黃酒可以使甜麵醬再發酵。調稀之後，還要嘗味道。實際上，不同的廚師在調味時並沒有統一的標準，要根據不同的調味料，並充分了解你手中調味料的作用和成分，不能照本宣科，書上說放幾克你就放幾克是不行的。如今，調味料說明書上的用量只能『僅供參考』。」

所以，對於一些調味料，該不該用、怎麼用、用多少，是有一定講究的。

這裡還必要說一下醬油。師父告訴我，以前的回鍋肉是要加紅醬油（按：通常用紅糖、普通醬油、香料混合熬製而成，烹調上一般用於提色、增香）的，但現在基本上不加了，因為現在的豆瓣太鹹，若再加醬油進去，就會鹹得沒法吃了，甚至有時還需要加糖來中和。

先白煮，後爆炒，才叫回鍋

師父講，二刀肉洗淨，切成約 3 指寬、6 公分長（太寬不易煮透），然後下鍋去煮，煮到五至七分熟（用筷子能戳進瘦肉部分為宜），撈出準備切片，「肉片要切成銅錢那麼厚，不能太薄，因為切下去後，是要用來爆的。現在常出現的問題是，肉都是從冰箱拿出來，而且切得太薄，下鍋一爆，肥的就沒了，只剩下肉皮和瘦

肉，吃起來頂牙、塞牙」。

　　肉片切好就可以下鍋了。先下植物油，燒辣後肉片下鍋爆炒後急劇收縮，很快就成「燈盞窩」了。按照傳統的說法，只有中間生的，才能爆得出來「燈盞窩」形狀。

　　「有人就說，我拿生肉來爆也會捲曲啊！但這就不叫回鍋肉，而叫生爆鹽煎肉，生熟都沒有分清楚嘛！」師父長嘆一聲。

　　爆炒至肉捲曲，將其刨至鍋邊，用鍋中間的油炒豆瓣。豆瓣顏色炒紅、炒香了，再將肉與豆瓣一起翻炒。因為豆瓣有生澀味，所以一定要把豆瓣炒熟、炒香。肉炒勻後，再下適量甜麵醬繼續炒，直到甜麵醬的香味溢出。最後蒜苗下鍋，蒜白先下，稍微多炒兩下，香了，再下葉子，起鍋，裝盤。

　　至此，一份看似平常實則處處有玄機的蒜苗回鍋肉才算大功

告成。

成菜的回鍋肉肥而不油、香而不膩,與蒜苗一同夾起吃,肉片嫩中帶脆和蒜苗獨有的清香,共同營造出鹹鮮帶辣的風味,實在是妙不可言!許久,還能感覺到脣齒留香、餘香不散。

總而言之,選料的嚴謹、火候的恰到好處、刀工的精準、調味料的考究、製作過程的細緻入微等因素,共同成就了源自民間普通人家的回鍋肉,使之成為四川人人愛吃,並津津樂道的「川菜第一菜」。

回鍋肉的淵源與衍生

胡泉廉介紹說,以前很多作坊,農曆每月初二和十六要「打牙祭」,打牙祭就是吃回鍋肉。不只是館子裡做回鍋肉,家裡也做。到了農曆十二月十六日,叫做「倒牙」──一年最後一個「牙祭」。

為什麼叫「打牙祭」?文學家李劼人說,就是祭「牙旗」。古時候,軍隊出征前要祭「牙旗」,要給當兵的吃肉,所以就把打牙祭和吃肉連結起來了。那時候油水比較少,人們喜歡吃肥肉。**回鍋肉不肥不好吃**,它是四川人的家鄉菜,特別是在外地待久了的人,一回四川,想到的就是回鍋肉。包括當年在國外的川廚,在外國很難吃到回鍋肉,一回國,就要找兩個餐館,吃幾頓回鍋肉,這已經成為一種情結了。

前面說過,回鍋肉現在出現了很多衍生品,有加鹽菜的、加蓮白的、加鍋盔的、馬鈴薯的、糍粑的,這些都證明回鍋肉好吃,才會出現衍生品。四川人都知道有道菜叫回鍋厚皮菜(牛皮菜),就是用回鍋肉剩下的油來炒。另外,還有旱蒸回鍋肉,是先蒸再爆炒。還有,如果回鍋肉不用豆瓣,又是另一道名菜──醬爆

肉，也很有特色。

　　而且老饕們都知道，回鍋肉隔餐更香，再回鍋更香。師父他老人家的看法是：「現在的回鍋肉，買個鍋盔、餅子回來都可以炒，只能說湊合，但是最正宗的還是蒜苗回鍋肉。然後依次建議蒜薹、青椒，夏天過後青椒就老了，如果要炒，最好加點老鹽菜。因為辣椒老了就不適合拿來炒菜，適合用來做調味料。」

　　這裡有必要再強調一下鹽煎肉，因為鹽煎肉是回鍋肉的「姊妹菜」。

　　鹽煎肉跟回鍋肉的區別就在於，一個是生肉直接爆炒，一個是熟肉回鍋再炒。但是鹽煎肉不加甜麵醬，改加豆瓣和豆豉。豆豉，實際上是壓腥味的作用。回鍋肉是靠醬來表現風味，鹽煎肉是用豆豉來展現風味，區別就在這裡。鹽煎肉有連皮的，也有不連皮的，用的都是二刀肉。鹽煎肉也用植物油炒，以前川菜業內有句話叫做：「葷料多素油，素料多葷油。」回鍋肉和鹽煎肉最後的口感有何不同呢？答案是，前者滋潤糯香，後者滋潤乾香。

　　現在人們的生活並不缺少油水，卻依然對回鍋肉情有獨鍾，這是為什麼？

　　師父答：「就是因為回鍋肉確實香，口感太好了，人們已經習慣了這種味道。」

　　胡廉泉也有感而發：「是啊！不但喜歡吃，而且還更加講究這道菜的肥瘦關係。其他肥肉都很難接受了，只有回鍋肉還吃得下去，就是因為它的味道濃。為什麼回鍋牛肉就沒有那麼多人吃？因為牛肉的肥肉沒有那麼多。」

　　由此可見，回鍋肉是四川人獲取脂肪的最佳管道，是對這種味道揮之不去的記憶和情結。

宮保雞丁

只能用雞腿，不能用雞胸

「這道菜，最好是用湯匙舀來吃！」 這是幾年前，我剛成為王開發的弟子，跟他一起用餐的時候聽到的話。彼時，一盤棕紅油亮、香氣撲鼻的宮保雞丁上桌，我正拿著筷子伸向一塊渾圓飽滿的雞丁。

師父笑著繼續說：「一般來說，這道菜一上桌，大家都是先去拈雞丁，雞丁吃了再去拈花生，最後留下蔥、薑、辣椒等。而會吃的人呢，會用湯匙來舀，雞丁花生一起吃，同時辣椒也可以吃、花椒也可以吃，蔥啊、薑啊都可以吃。這樣，雞丁的滑嫩、味型的甜酸、辣椒的糊辣香、花生米的酥脆，味道的層次全都出來了。濃烈的糊辣荔枝味（按：川菜用鹽、醋、白糖、醬油、料酒、味精調和，並用薑蔥蒜等香味，模擬出荔枝酸甜的味道）是判斷這道菜的標準。」

怎樣鑑別這道菜炒得好不好？

那天師父教了我一個非常簡單的辦法：「首先，端上來的菜你要看，**如果肉丁上面沒有裹到芡，每塊肉丁的紋路都看得清清楚楚，那肯定是要不得的，會直接影響口感。而如果吃完後盤子裡只剩下一點油，說明那個汁包裹得很好**，統汁（按：指醬汁芡汁能均勻掛附在食材上）是成功的。」

「現在好多廚師炒的宮保雞丁汁水都在盤子裡面，沒有包裹在主料上，這是個通病，技術不到位，不熟練。」師父感慨道。

雞腿、雞腿、雞腿——重要的事說三遍

儘管我在很多書籍，甚至一些名廚名店的專著裡都看到，宮保雞丁的選料可以是雞胸肉，但師父和胡廉泉都堅持認為，**宮保雞丁只能用雞腿，不能用雞胸。**

「我們四川人吃東西，就是要吃活動肉。雞腿的肉是活的，有力量，吃著有彈性，滑嫩。」他們兩位告訴我，以前選雞時，是用嫩一點的公雞，母雞要留著下蛋。現在已經不存在嫩不嫩，都是線雞（閹雞，被閹割的雞），哪怕是 4 公斤左右的雞也很嫩。「傳統是用嫩公雞的後腿肉。現在的廚師不知道哪個部位的雞肉好，都不具備基本知識了。因為我們這些老廚師 45 歲就被淘汰了，新一代廚師沒有得到很好的傳承，就變成吃雞胸肉了。雞胸肉以前是拿來做雞絲、雞肉片的。」

為了驗證，我們用雞腿肉和雞胸肉反覆試驗，每每發現，雞胸肉炒出來的雞丁是四四方方的，比較呆板。而雞腿肉炒出來是帶橢圓形的，沒有稜角了。且炒出來的味道也大不相同，雞腿肉吃起來非常滑嫩，而雞胸肉則確實遜色很多。看來兩者的材質和結構真的不一樣。

如果去餐館點了這道菜，如何知道別人是用雞腿肉還是雞胸肉炒的？師父告訴我一個判斷方法，如果端上來的雞丁看上去四四方方，有稜角，那就是雞胸肉；另外就是看顏色，雞腿的顏色要深一些，淡淡的烏色，雞胸肉則是白色的。

熱鍋溫油，小煎小炒，火中取寶 20 秒

可以說，每次聽師父講菜，都是我對川菜認識的一次刷新。那些看似天下人都在吃的，知名度很高的菜餚，其實沒有幾個人真

正會品鑑，也沒有幾人吃過正宗的味道；同樣，看似每個廚師都知道的主料、配料和調味料的比例，原材料的準備，刀工火候的把握，下鍋的先後順序等，其實又有幾個人能真正掌握、領會其中的妙義？

就拿宮保雞丁這道菜來講，很多廚師也是知其然而不知其所以然。都知道主料為雞丁，配料（也叫輔料）為油酥花生米，小賓俏（或稱小料子）為蔥白、薑片、蒜片，乾辣椒節、紅花椒粒；調味料為醬油、鹽巴、白糖、醋、水豆粉（按：主要成分是綠豆澱粉根據菜式需要加冷水調製。在菜中用來上漿、掛糊和勾芡，類似太白粉加水）、混合油。但是這些材料怎麼用？為什麼這麼用？卻是知者寥寥了。

比如，雞腿肉為什麼要斷筋？為什麼要切成 1.3 公分左右大小的丁？為什麼要用油酥花生米，而不能用鹽水花生米？為什麼要碼一次芡（按：在切好的肉中拌一些澱粉，讓它們覆蓋在肉的表面）還要勾一次芡？為什麼要用混合油炒？為什麼要先下乾辣椒段和花椒粒，而不是先下雞丁？為什麼最後才下花生米？

師父解釋：「雞丁太大，一不容易熟，二不容易入味；太小，不能表現主材料雞丁的地位。現在很多餐館的宮保雞丁端上桌，一看，雞丁比花生米還小，辣椒、蔥段比雞丁還多，你那個菜還能叫宮保雞丁嗎？有些人用鹽水花生米，沒有光澤，跟最後棕紅油亮的雞丁不相配，而花生米一經油酥，皮子紅亮，跟雞丁很搭。兩次用芡，第一次叫碼芡，又叫上漿，雞丁能否滑嫩，關鍵是芡有沒有上起，水分夠不夠；第二次叫勾芡，又叫烹醬汁，是為了使芡汁著附於雞丁之上。碼芡碼得好，雞丁發亮；收汁收得好，整個菜才會入味。有些廚師炒的宮保雞丁，脫芡了、吐水了，薑蒜這些都滑下去了，原因就是統汁沒統好。」

「什麼是混合油？」我問師父。

　　「就是煉熟（按：加熱過）的植物油加上豬油，比例大約是七比三。」師父回答。

　　「那為什麼一定要用混合油？」我表示不解。

　　「因為煉熟的豬油非常香，所以混合油炒的菜就比單純使用植物油好吃得多。」師父笑答。

　　「先熱鍋，用油下鍋浪一下，把油倒入油盆內，重新加入混合油。這個操作過程，即是讓鍋從高溫變低溫，目的是使接著要下鍋的乾辣椒和花椒不至於下鍋即糊，而且接下來碼好芡粉的雞丁，也不至於下鍋即由於高溫而沾黏。

　　具體操作是：「先下乾辣椒節、花椒粒炒成棕紅色，再下雞丁，然後蔥薑蒜片下鍋，確保糊辣味型到位，又不至於把辣椒炒焦，然後將用醬油、白糖、醋、水豆粉、高湯兌成的醬汁倒入鍋內炒勻，收汁後下花生米起鍋裝盤。這道菜端上桌，如果看到周圍

呈現出一線油，就是好的。如果端上桌就已經漫上了油就錯了。但現在廚師們普遍習慣先下主料，實際上連方法都廢棄，辣椒、花椒相當於做了個擺設，再這樣下去，連糊辣這個味型都將會遺失了。」

胡廉泉對宮保雞丁有這樣的補充：「以前有些老師傅做這道菜，雞丁碼味（按：用鹽或醬油、料理酒等調味品，把原料調拌或浸漬一下，使其先有一個基本的滋味）碼芡時，就把薑片放進去一起碼。薑有個好處，就是去腥味。碼了薑的和不碼薑的，吃起來味道就不一樣。第二個好處是薑裡面有種酵素，可以增加原料的嫩度。另外，還有一些廚師炒菜，在調醬汁時，把薑、蒜都放進碗裡，讓它浸泡一些時間，因為醬汁裡面有鹽有湯，可以把薑蒜味追出來，使其辛香味得到最大的釋放。所以廚師做菜，不僅要熟悉烹製的整個程序，對每個細節也是十分重視的。」

師父告訴我，這道菜，真正炒的時間只有20秒。這是張大爺（張松雲，我的師爺）經常教誨徒弟們的一句話——**「小煎小炒，火中取寶」，這，恰是川菜炒菜的要領。**

另外，起鍋時，一定要補一點點醋，有些師傅就最後加醋，補了醋再將菜端上桌子，在熱氣當中，菜在散熱，醋在揮發，香氣飄在空中，會給食客一種非常誘人的嗅覺效果。趁熱舀一勺吃進嘴裡，滑嫩、香酥，濃烈的糊辣荔枝味更加凸顯。以前張大爺的說法就是，凡是菜的顏色比較深的，像火爆腰花、白油肝片之類，起鍋時滴幾滴醋在裡面，有不一樣的效果。

短短幾十年，這道菜早已經享譽世界，很多外國友人對此也是讚不絕口，比如德國前總理安格拉·梅克爾（Angela Merkel）就對這道菜情有獨鍾，她來成都訪問時曾學做過這道菜。我猜想，這跟西方一些本身喜歡酸甜口味的飲食習慣不無關係。

早在 1980 年代初，師父被派往美國的「榮樂園」川菜館時，

就經常有公眾人物前來用餐，像柬埔寨國王諾羅敦・西哈努克（Norodom Sihanouk）親王伉儷、胡茵夢、李敖、鄧麗君等，來四川都喜歡吃點宮保味。「我們當時賣的是宮保大蝦和宮保雞丁，美國客人都很喜歡。」

宮保雞丁的前世今生

在百年以前的資料裡，是找不到宮保雞丁這道菜的。那這道菜什麼時候出現的？胡廉泉推斷，這道菜最早出現在 1930 年代。對此，他還查閱了相關資料。對於這道菜，目前有三種說法：

第一種說法是，丁寶楨當過山東巡撫，所以山東人說這道菜是山東的，用爆炒的方法來做雞丁。但是山東菜系的這道菜，它的菜名是「宮爆雞丁」而不是「宮保雞丁」。丁宮保後來到了四川，擔任四川總督，部屬給他接風，就做了這道菜。

老師傅說，這道菜最早還不是現在的作法，而是用剛出的新的青椒和雞米（雞胸肉），是調羹菜，他吃了之後，點頭稱好，便問這道菜的名字。由於丁寶楨有戰功，被朝廷封為太子少保，簡稱宮保。下面的人就說既然是為宮保大人做的，那就叫宮保雞好了。

第二種說法，是文學家李劼人書裡的一條注釋，說丁寶楨是根據他在家鄉的糊辣子炒雞丁的作法，將這道菜命名為宮保雞。

第三種說法是貴州人講的宮保雞。貴州人做宮保雞都要加糍粑辣椒，即乾辣椒拿溫水淘洗之後再用碓窩舂茸（按：把辣椒剁碎、絞碎或搗碎，最後形成一團團像糯米糍粑一樣，富有黏性的辣椒），用這個來炒雞丁。

貴州凡是做宮保味的菜，都有糍粑辣椒。有一年，貴陽市飲食公司的主管來成都，胡廉泉特地找他們求證，對方說他們的宮保雞丁跟成都作法一樣。後來胡先生去桂林路過貴陽時，到一家小飯

鋪吃晚飯，看到菜牌上有好幾個叫「宮保」的菜，於是就點了一份「宮保肚頭」，結果菜一端上桌他就明白了。原來貴州的作法和四川的作法不一樣，他們用的是糍粑辣椒，生辣也沒有荔枝味。那個老闆正好也是貴陽飲食公司的一個幹部下海來做生意的，胡先生就跟他聊了一下這道菜，他說貴州的宮保都是這樣做。

但為什麼後來大家都傾向於四川「宮保」正宗？胡廉泉認為，一個是確實好吃，第二個是四川的宮保雞丁已得到了國際認可。據說，北京東來順的老總小崔原是北京湘蜀飯店的廚師，他來成都跟著成都餐廳的陳廷新師傅學了一段時間川菜。本來湘蜀飯店就是賣川菜和湖南菜的。有一年參加世界烹飪大賽，小崔的宮保雞丁拿了金獎，可能這對宣傳宮保雞丁產生了一定的作用。後來好多川菜廚師去參加比賽，都喜歡做這道菜，影響就越來越大了。

為什麼歐美人喜歡這種口味？因為他們本身就喜歡這種酸酸甜甜的味道，當然這只是一種推測。貴陽的同行吃了我們的宮保雞丁，認可我們的作法，可能是出於客氣。於是胡先生想到了在川菜的食譜中，有一道用糍粑辣椒做的菜，而且可能是唯一用糍粑辣椒做的菜，叫「貴州雞」，應該是多年前就傳入四川的，只不過人們沒有將它與「宮保雞」聯繫在一起，只知道它是一道從貴州傳來，以地名來命名的菜。

漸行漸遠的宮保菜

「就像熱鍋冷油，現在已經很少有人知道了，芡都在鍋裡去了（被鍋體吸收），哪裡還有什麼芡嘛。現在炒菜幾乎都不行了，為什麼現在很多廚師炒一個菜就洗一遍鍋？因為有巴鍋（按：沾鍋）了嘛。還有個原因就是食材大多為冷凍品。」說到痛心處，師父會激動得提高嗓門。

師兄張元富的看法是：「現在的年輕廚師，把薑蒜末都抓到配料裡，炒魚香時，薑蒜末下鍋連熱氣都沒有黏上，這個風味要從哪裡來？調味料要經過高溫，才能夠煥發出它的香味。」

總而言之，大家認為，現在吃不到糊辣味，有各種原因，一個是操作程序不對。還有就是所用的辣椒，不是真正的配料辣椒，容易糊，主要是與它的外皮薄有關係，有些辣椒就是一張皮，原來二荊條（按：即宮保辣椒，又稱皺椒）是有點肉頭的。第三個原因是量沒有用夠。現在好多炒糊辣和宮保，只看到零星的幾個乾辣椒在裡面，原料沒有用夠，時間也不對。

師父還說：「有些地方炒宮保雞丁會加一把萵筍（按：又稱青筍、嫩莖萵苣，臺語稱為萵菜心）丁或者黃瓜丁，那就不是宮保了。加這兩樣的目的：一個是襯托盤子，一個是降低成本。然而本來這道菜就是要凸顯糊辣和荔枝味道，一加萵筍、黃瓜之類進去，就稀釋、沖淡了這個味道。這道菜不需要清香味，就是要吃肉丁的香嫩、花生米的酥脆以及濃烈糊辣香和荔枝味，一加進去，反而把味道破壞了。」

聽著師父的講解，感受著他們對川菜未來的擔憂，我深感，有些拯救工作已迫在眉睫，而守住傳統技藝，更是任重道遠。

▲ 乾二荊條（拍攝於四川二荊條產地——雙流牧馬山）。

夫妻肺片
被誤解了的「肺片」

「夫妻肺片已是一道世界馳名的川菜。但要讓名聲持久，保持它的原汁原味才最關鍵。現在市面上關於夫妻肺片的作法有些凌亂，調味料、顏色、味道等，都是千奇百怪。有些廚師不加滷汁，只加醬油，導致沒有原來的鮮味；有些香料也運用不當，導致整個肺片的色香味都不能夠好好呈現出來……」，說起這些師父顯得有些激動。

據我所知，部分廚師是用雞精和味精來增加味汁的鮮味，因為醬油過多，導致拌出來的味道偏醬油味。在各類餐館裡都有這些現象。甚至有些餐廳買回來的牛雜沒有煮軟，還要經過二次加工，而且也都不是滷出來的。打著夫妻肺片的名字，賣的卻不是夫妻肺片。

夫妻肺片的正確作法

1980、1990 年代，常見成都的一些小學、中學門口有擺攤販售肺片。一個瓷盆裡裝著切好未拌的肺片，一盆遠遠就能聞到香味的紅油佐料，整齊的放在一張方桌上，下課鈴聲一響，孩子們紛紛簇擁著跑出來，用身上僅有的零用錢，吃上一兩片麻辣鮮香、爽心爽口的肺片。這樣的場景，至今想起仍很掛念。

向師父他老人家詢問，為何如今各家餐桌上的夫妻肺片味道不一，究竟什麼樣的夫妻肺片才算道地？師父說：「現今的夫妻

肺片，確實已經做得五花八門，但年紀較大的廚師製作肺片還是道地的。**按照最傳統的作法，肺片裡面基本包含有牛頭皮、牛心、牛舌、牛肚**等，有些廚師在拌菜時，會少量加入一些牛肉，但如果在裡面還吃到了非牛肉食材，比如豬肉之類的，都是在亂彈琴。」

雖說肺片都是一些不打緊的食材拼湊而成，但其刀工也很考究，片大而薄，層次分明；同時，端上桌來，色澤紅亮，不深不淺，應剛好符合人們的視覺欣賞；滷香之中，還應該有芹菜、小蔥（香蔥）、辣椒油、花生米、芝麻、花椒等混合香味；入口質軟化渣，麻辣香鮮俱全。

夫妻肺片的製作，得先從整理材料開始。

先將牛頭皮和牛蹄子清理好，牛肚、牛肉、牛心、牛舌都需用，其中牛肚這部分只取其相對較厚的肚（如草肚〔毛肚〕、蜂窩肚〔牛肚〕、千層肚〔牛百頁〕等）。

材料備好、洗淨，放入滷汁裡滷煮，待全部滷好起鍋後，稍放冷一下，開始切片。其中牛舌、牛

心、千層肚是可以切的，而牛頭皮、蹄子、草肚、蜂窩肚就需要用專業的牛角刀來切。據師父描述，這牛角刀呈半圓形尖狀，可以將肉片得均勻，且速度較快。當年郭朝華夫婦（夫妻肺片得名便是因為這夫妻倆常年售賣而得名）在片肺片時，一定是搬一根長板凳來，坐在板凳上小心翼翼的片，刀法一定是要切進去了再退出來，這樣才能保證每片又薄又大。

1950 年代以後，夫妻肺片開始以份為單位售賣，那時候一份肺片，就是拿個土巴碗（按：沒有上釉而且粗糙的土陶碗），抓一把芹菜墊底，把肺片和佐料和勻後放在碗裡，滷汁和紅油等佐料分別淋上去，再撒一把舂碎的花生米就算大功告成。

師父特別強調，想要做出道地的夫妻肺片，「滷製」這一過程非常重要。

四川的滷汁分為紅滷和白滷。其中紅滷帶色，即製作過程中，將白糖或者冰糖渣子用油炒至一定程度、加水，製成「糖

色」，再將「糖色」加入滷汁中，滷汁的顏色就會翻紅，所以稱之為紅滷。而白滷則不加糖色，因此顏色較淺。

「雖然都是滷汁，但許多食材需要根據實際情況來選擇哪種滷汁更為適合，比如**雞、鴨、豬肉等，因為食材本身顏色較淺，因此適合用紅滷**。夫妻肺片之所以要用白滷的另外一個原因，是因為肺片滷後還要再拌，如果肺片滷成紅滷，那拌出來的顏色不僅重，而且差。」師父講解道。

從前，廚師們滷肉都用直徑約 1.5 公尺的大鍋來滷，那時人們對製作滷汁還沒有現在這麼講究，很多時候都是在製作過程中順其自然而成，比如廚師們每天都在裡面滷牛雜、牛肉，滷的次數多了，滷汁也就越來越鮮。

以前有專門賣滷味的攤子，同時也做來料加工，幫人滷肉、滷雞，還不收加工費。為什麼不收費？因為滷刮過程中，雞、肉的一些脂肪、鮮味都滷進了鍋裡，使滷汁的味道更豐富。

白滷的滷汁裡不加糖色，但要加香料和鹽巴。「其中草果、八角、山奈、桂皮等都是離不得的。過去我們基本上就是用五香料作為基礎料，現在已經有幾十種調味料。但這些香料也不是越多越好，種類越多，分量和時間若掌控不準，滷汁豈不成了中藥？」

而今，人們也總結出了一些專門「起滷汁」的方法與配方，用了如此多的香料，我對其中的「五香味」產生了疑惑，是不是以前的滷味主要就是五香味？

師父說：「五香是泛指香料種類在十種以內。料配好以後，就用紗布包好放在滷汁裡隨鍋滷煮，大約 3 到 4 天後香料味在滷汁中散盡，這時就要換紗布包裡的香料了。待牛雜等食材下鍋後，需根據熟透時間的長短，來考慮起鍋的時間和順序。各種食材齊聚鍋裡，需隨時拿著笊籬（按：漏勺）去撈，如果先熟的就得趕緊撈起來，千萬耽擱不得。」

以前夫妻肺片店每天要滷一兩百斤（按：本書若無特別註明，所提到的斤皆是指市斤，1市斤為500公克）牛肉，只有牛雜本身的鮮味是不夠的，鮮味主要靠牛肉。而且在拌肺片時，也需要用滷汁作為佐料。師父說，這也是現在市面上許多的肺片都吃不出以前味道的原因之一。

「還有，芹菜也是必不可少。芹菜本身被歸為香菜類，可生吃，香氣濃郁獨特，很合牛肉、牛雜的味。若再加上中壩醬油（按：中國品牌醬油），味道就更為道地。」

此時我才恍然大悟，怪不得現在已經難以吃到傳統的夫妻肺片，原來除了加滷汁，醬油也要特別講究。可為什麼偏偏是用中壩醬油？

師父說，中壩醬油顏色淺、鮮味夠，是在自然環境中晒製的，不加焦糖，也不像大型發酵池裡的顏色那麼深，跟廣東的生抽

（按：又稱淡醬油，是不加焦糖增色的醬油。顏色淡，鹹味重，在烹調中主要用來提鮮）屬於同類。

四川這邊習慣將淺色的醬油叫白醬油。但白醬油並非白色，只是顏色相對較淺罷了，因為黃豆發酵以後，本身自帶了天然棕橙色。白醬油除了拌製肺片、雞肉片等葷菜，也很適合拌蔬菜，如萵筍、黃瓜等，成菜顏色相對好看。

師父還告訴我，其實最初的肺片裡根本沒有牛肉，大家都喜歡吃牛肚和牛頭皮，牛頭皮在裡面最為出色，透明、香脆、有嚼勁，且富含膠原蛋白。只是隨著店鋪生意的興隆，牛雜越來越俏，商家們才想到搭配點牛肉進去。好在這牛肉咬進嘴裡較為鬆散，與牛雜搭配有綿有硬，口感還真不錯。所以說，傳承中有改變是正常的，希望更多的廚師能夠真正領悟這道菜的製作精髓。

夫妻肺片為啥沒有肺？

在川菜裡，夫妻肺片沒有肺這種看似笑話的說辭，其實屢見不鮮。比如魚香肉絲沒有魚、野雞紅裡沒有雞等，時常讓食客不得其解。然而，這種類型的菜名卻並非空穴來風，其背後也有著相應的歷史與淵源。就拿夫妻肺片來說，這名字的來歷雖然不到百年，但肺片在成都卻已經有上百年的歷史。對此，在師父和胡廉泉的講解下，我也梳理出了一些脈絡。

成都地區主要出產黃牛，最早時候的牛下水（牛肚、牛舌、牛心、牛頭皮、牛蹄子）等都是不吃的，常被丟棄。據說當年常有人在路上撿到這些東西，帶回家清理後用來做菜。有心之人在這些廢棄的食材上看到了商機，便加以利用，將這些食材做成小吃，提著籃子沿街叫賣。

那時，肺片主要集中在皇城售賣，因此也叫「皇城肺片」。

商販提著籃子在路上吆喝，籃子一邊裝著已經調好的調味料缸子，一邊裝著切好的肺片。肺片裡牛頭皮最多，牛肚次之，剩下的就是牛舌、牛心等。

各種食材在籃子裡被商販排得整整齊齊，食客拿起筷子夾起肺片，往調味料缸子裡一蘸，就蹲在街邊吃了起來。

文學家李劼人曾在小說《大波》中描述道：「黃瀾生一凝神，才發覺自己的大腿正撞在一口相當大的烏黑瓦盆上……光是瓦盆打碎倒在其次，說他賠不起，是指盛在盆內、堆尖冒簷、約莫上千片的牛腦殼皮。這種用五香滷汁煮好，又用熟油辣子和調味料拌得紅彤彤的牛腦殼皮，每片有半個巴掌大，薄得像明角燈片；吃在口裡，又辣、又麻、又香、又有味，不用說了，而且咬得脆砰砰的極有趣。這是成都皇城壩回民特製的一種有名小吃，正式名稱叫盆盆肉，諢名（按：外號、綽號）叫兩頭望，後世稱為牛肺片的便是。」

這一故事不僅為我們提供了相應的歷史線索，也從側面告訴我們，在那個時代，這小吃就已經是「肺片」的寫法。同時李劼人卻又認為，這種寫法其實不夠貼切，因這肺片裡根本沒有肺呀。他在《大波》中對牛肺片的注釋為：「大概在 1920 年前後，牛腦殼皮內和入牛雜碎；其後，幾乎以牛雜碎為

主，故易此稱謂，疑『肺片』為『廢片』之訛。」

可事實真的是這樣嗎？

師父說，這肺片的最初來源，也是從涼拌牛雜中得來的。「肺片沒有肺，這話就說不圓。但是這裡面最初是不是有肺，卻很難說，可能有，也可能沒有。只是這肺，在這道小吃裡確實顯得低檔了些。因為肺的質地跟牛頭皮、牛心、牛肚等不一樣，韌性和嚼勁都相對較差；同時，牛肺是一種很難清理的食材，裡面有許多管狀，如果煮硬一點，吃上去是脆的，但口感卻相對較差，若煮久一點，就煮軟了，要茸。」

不是夫妻能不能吃？

1930 年代，成都的郭朝華、張田政夫婦以專賣肺片為生。師父說：「那時候他們兩口子在家將肺片做好，提著籃子一起出來售賣，左右不離。人們喜歡吃他們做的肺片，但是又叫不出他們的名字，見他倆總是夫妻相隨，就乾脆叫『夫妻肺片』，於是夫妻肺片就傳開了。」

到了 1950 年代，夫妻肺片已經開始有了自己的小攤位。郭朝華、張田政夫婦本身就靠賣牛雜起家，會因季節變化而增加一些種類，比如到了冬天，他們就會在肺片旁邊放一口鍋，裡面燒著牛雜蘿蔔，這樣一來不僅增加了食物的種類，也可以讓顧客吃到暖和的食物。那時候，顧客吃一片肺片或者一塊蘿蔔，就放一個小錢在旁邊，以此類推，最後以小錢算帳。只是夫妻肺片都是小本經營，因此更受青年人和幹體力活的人喜愛。

1950 年代以後，中國餐飲行業歸為國有，夫妻肺片很長一段時間都沒有在大街上出現過，因其名聲較大，出現了一家以「夫妻肺片」為招牌的店鋪。

「這不是噱頭，是真實的事。1966 年，我在名小吃中心店（按：處在幾個商圈的交匯處，能同時覆蓋周邊幾個商圈的單店）當經理，夫妻肺片是中心店管轄的一個店，還有個分店在提督街街口。有天到店上班，遇到一個外地人問我：『師傅，我只有一個人，能不能吃一份夫妻肺片？』我說當然可以啊，他說：『我還以為夫妻肺片要夫妻才能吃！』」師父講起這些有趣的經歷，笑得合不攏嘴。

那麼，夫妻肺片這道菜又是如何進入筵席的？胡廉泉介紹說，改革開放以後，小吃跟筵席上的菜已經有了新的穿插組合，許多小吃可以一起組合成涼菜拼盤上席桌，夫妻肺片也就在這時開始華麗轉身。

那時外地客人來成都吃小吃時，都需要一家一家的走，每家幾乎只能吃一個品種，感到很不方便，也留下了些許遺憾。後來有人建議說，能不能搞一個綜合性的小吃店，讓人一次品嘗到更多的成都小吃？於是就有了「龍抄手餐廳」這種以小吃為主，配以傳統冷熱川菜的經營形式。它每天供應的小吃有二十餘種，同時還承辦各種小吃筵席。筵席上除菜餚外，小吃也有十餘種之多。夫妻肺片是作為冷菜躋身筵席的。

「這一作法，逐漸得到許多餐廳的仿效，並在原有的基礎上合理改進。有的歸入菜餚，如夫妻肺片、棒棒雞絲、小籠牛肉、麻婆豆腐等，有的歸入點心，如龍抄手、鐘水餃、賴湯圓、擔擔麵等。再來就是減少每樣小吃的分量，使客人一次能品嘗到更多的成都知名小吃。」師父對此也是非常認可，不管是龍抄手還是夫妻肺片，都在不斷的改進中找到了更加適合自己的位置。

麻婆豆腐
麻、辣、鮮、香、酥、嫩、渾、燙齊聚嘴間

　　在四川人的餐桌上，無論是在家宴、小餐館還是高檔筵席上，只要是吃川菜，基本都能見到麻婆豆腐這道菜，白裡透紅，亮汁亮油，豆瓣的紅、蒜苗的青，紅綠相間，讓人食慾大增。拈一塊入口，「麻、辣、鮮、香、酥、嫩、渾（四川話，音同捆）、燙」齊聚嘴間，讓人欲罷不能。而聽這菜名，總會讓人在腦海中浮現出一位臉上長著麻點的可愛婆婆，用她那獨特的廚藝為食客們做出一份份勾人食慾的豆腐，並被後來的廚師們效仿、研究與傳承，最終成為一道馳名海內外的老川菜經典菜餚。

　　師父說，一道正宗的麻婆豆腐，定是色澤紅亮，紅色、綠色、白色都要齊全。亮汁亮油，即不能光看到油，又必須要有汁。而且從某種意義上來講，汁比油還要多，因為這個是調羹菜，是下飯的菜，而不是下酒的菜。很多人都說，麻婆豆腐最適合燜鍋飯，剛剛起鍋的飯，熱氣騰騰，用勺子舀點剛起鍋的麻婆豆腐，在飯裡合著吃，那味道能讓人留下難忘的記憶。

麻婆豆腐這樣做才有靈魂

　　其實，正宗的麻婆豆腐之所以如此好吃，跟豆腐本身有很大的關係。四川的豆腐分為鹽滷豆腐（按：鹽滷又叫滷水，有的地方叫膽水）和石膏豆腐。師父曾經查過很多資料，得知**麻婆豆腐用的就是石膏豆腐**，可為什麼不選用鹽滷豆腐？

原來是因為鹽滷豆腐中間有許多空洞，就像蜂窩一樣，顯得較老，綿扎帶勁，達不到石膏豆腐的嫩度，更適合蘸來吃。而在磨製豆漿的過程中，石磨豆漿又要比機器磨出來的豆漿好許多，出漿的純度高，且沒有什麼損壞。

曾經的老成都，還有著南豆腐和北豆腐之說，南豆腐太嫩，北豆腐太老，所以後來陳麻婆店的豆腐都是自己推磨的，即介於南北之間的豆腐，用石膏來點（按：在豆漿中加入石膏使其凝固）。

豆腐選好以後，要將其切成約 3 公分的小塊，再配上牛肉末、蒜苗、辣椒粉、花椒粉等輔料。將豆腐放入有鹽的水中煮 1 分鐘左右撈起。溫油下牛肉末炒製，再加辣椒粉合炒，加湯燒開，然後下豆腐、蒜苗燒 2、3 分鐘，最後勾芡起鍋。在師父看來，**整個麻婆豆腐的製作過程，勾芡最重要，需要勾 2 次或 3 次芡方可做得道地。**

為什麼要勾 2、3 次芡？因為**勾芡的主要作用就是收汁、保溫**，收汁不是一次完成的。如果湯汁仍然多而稀，再勾第 2 次或第 3 次，直至汁濃吐油即可。需要注意的是，每次勾芡都不宜多。現在許多廚師做麻婆豆腐，有個很普遍的問題——芡粉太重，或者看不到汁水，或者芡粉成坨，上面一層油。因此，勾芡這個步驟尤為重要。

師父從 1960 年代開始做麻婆豆腐這道菜，也是在不斷的嘗試、研究與調整中，慢慢將這道菜做成自己心目中最佳的樣子。這些年裡，調整最多的還是在配料上。隨著調味料的層出不窮，需要調整的細

節就越來越多。而食材也有了許多的延伸或者演變，比如麻婆大蝦、麻婆龍蝦、麻婆鮑魚等，都用麻婆豆腐的方式來做。

師父告訴我，作為一名食客，若想要吃到正宗的麻婆豆腐，**就必須要牢記麻婆豆腐的八個特點：麻、辣、鮮、香、酥、嫩、渾、燙。**

首先是**麻辣**，麻的口感來自花椒粉，辣味來自辣椒粉和新鮮豆瓣醬的混合，作為麻婆豆腐較明顯的兩個特點，不僅是展現特殊風味，更是對食者味覺的強烈刺激。因此，同水煮牛肉一樣，麻婆豆腐也是川菜中最具衝擊力的代表菜之一。

其次是**鮮香**，鮮來自於牛肉碎肉與燒豆腐的高湯的結合，成菜前撒上的青蒜苗，則會散發出蒜苗獨特的清香，趁著成菜的熱氣升騰，鮮香味更是撲鼻而來。

酥，是一個綜合性的口感。師父認為這裡的「酥」應是酥香、酥軟、酥嫩、酥鬆，而不是酥脆。現在有的廚師為了追求酥脆，最後才撒上牛肉末，以保持酥脆感，這是極大的誤會。它應是整體撲鼻而入的酥香，豆腐入口即化的酥軟、酥嫩，牛肉在高湯裡燒製後的酥鬆形狀。

然後是**嫩**，豆腐要嫩，火候十分關鍵，要燒製得法，有稜有角而拈則易碎，因此多用勺子舀食，稱調羹菜。豆腐品種則傾向於用石膏豆腐，石膏豆腐組織緊密，成菜較鹽滷豆腐更嫩。

渾，指的就是豆腐的形狀要完整，渾而不爛，完整成型，這就對廚師的烹飪手法有要求，一般用鍋鏟背輕推豆腐，以保持豆腐自始至終都方正有型。

最後是**燙**，這道菜要燙才好吃。而要達到這個要求，就必須做到油、芡的精準把握，芡包裹著豆腐起到第一道保溫作用，油覆蓋在豆腐上，熱度就散發不出去，盛時最好用碗裝，碗深也利於保持溫度，使成菜帶著鍋氣呈現在食客面前。一道正宗的麻婆豆腐，

經過廚師的精心烹製，吃進嘴裡一定是麻辣鮮香、酥嫩渾燙。

此外，師父還告訴我一定要注意的細節：首先就是要看豆腐的油量，亮汁亮油是這道菜的特點之一，若發現成品豆腐乾癟癟的，則是欠汁水，牛肉的味道也凸顯不出來，更談不上有滋有味。

麻婆豆腐的來源

據《川菜志》記載，陳麻婆豆腐於清同治元年（1862 年）由陳春富創立，位於成都北面的萬福橋邊上的河壩，取名為「陳興盛飯鋪」，寓意陳氏家庭興盛，生意興隆。由於萬福橋是通往洞子口、崇義橋、新繁等場鎮的交通要道，因此就有許多挑油擔子的腳夫（按：搬運工人）經常在這裡歇腳吃飯。

剛開始時，這家店是以賣小菜飯為主，隔壁剛好有一家王姓的豆腐坊，經常會把豆腐送過來代銷，附近賣豬肉的、賣牛肉的小商販也經常在這一帶歇腳，所以歇客人就常常買點豆腐，帶點豬肉、牛肉等讓陳麻婆加工，她家的飯也因此大賣。

1950 年代以後，麻婆豆腐的店鋪成了國有企業，很多人都很難再像以前一樣，輕易吃到店鋪裡這道菜。坐落在玉龍街的陳麻婆豆腐店，招牌還是李劼人寫的。

麻婆豆腐的歷史與演變，也曾經受到一些質疑。比如臺灣一位哲學教授就曾經在他的書中不承認麻婆豆腐的歷史，說是四川人編撰了這樣一個故事。

另外，聽胡廉泉講，日本人在很早以前就開始生產麻婆豆腐罐頭和回鍋肉罐頭。1980 年代，成都罐頭廠的人曾前來找過胡先生，並帶了日本人做的麻婆豆腐罐頭來讓先生品嘗。打開後發現他們的罐頭裡面根本就沒有辣椒和花椒等，一片白花花的亮。他們也就只是利用了麻婆豆腐的名氣而已。

▲ 1970 年代的成都陳麻婆豆腐店。(來源:《中國名菜集錦‧四川卷》。)

　　成都罐頭廠來找胡廉泉，是想與成都市飲食公司合作，他們說麻婆豆腐是完美的成都本土小吃，日本人可以做，為什麼我們成都不能做？

　　因為當時的生產條件有限，成都罐頭廠的生產設備根本就達不到做正宗麻婆豆腐罐頭的水準，其中存在幾個問題：一個是蒜苗在罐頭裡面，如何保留它的鮮香？因為要做罐頭，蒜苗就得脫水，如現在的速食麵一樣，調味料都是脫水處理，但那時沒有這個條件。第二個問題是，吃的時候又怎麼加熱？所以成都罐頭廠就沒有做成。

　　「當年市公司為了研究這個，單獨做了調味料包，裡面包含了油和酥臊子（按：碎肉、肉末），吃的時候再加湯和豆腐、蒜苗，與日本人生產的罐頭完全區別開來。」胡廉泉回憶道。

▲ 成都博物館陳興盛飯鋪場景。（攝影：曾傑。）

「烘」還是「熠」，來聽老成都人怎麼說

麻婆豆腐的烹製方法在四川有好幾種說法，比如「燒」、「烘」和「熠」（音同讀），這三種說法，在不同的地區以相同的形式呈現，讓許多外地人看不太明白，而我的師父將它們都歸類為「燒」，屬「燒」裡面的「家常燒」。

「家常燒」這個概念，是胡廉泉在編撰《川菜烹飪事典》時提出來的。鑒於當時一些廚師經常將諸如筍子燒牛肉、軟燒鱔魚、豆瓣海參等一類菜都納入「紅燒」範疇，這在概念上是混亂的。「紅燒」是用糖色或醬油，湯汁呈淺棕紅色，如紅燒海參、紅燒魚翅、紅燒什錦、紅燒豆腐等；而筍子燒牛肉、豆瓣海參這些菜，則是用豆瓣來表現「家常」風味的。

麻婆豆腐也是其中一個，水煮牛肉也是，魔芋燒鴨子也是。不僅豆瓣是四川人家裡的常備品，泡菜、酸菜也是，用它們做菜，也應歸入「家常燒」的範疇。所以當年胡廉泉提出「家常燒」這個概念，得到了成渝兩地老師傅的認可。

那為什麼在四川又有「烘」和「熠」等說法？

事實上，「烘」是帶有地域性質的一種說法。1924 年，詩人馮家吉在一首《竹枝詞》中寫道：「麻婆陳氏尚傳名，豆腐烘來味最精。萬福橋邊簾影動，合沽春酒醉先生。」其中就有提到「烘」這說法。後來師父專程去成都附近的彭州，這個地方的人就常說「烘」豆腐。萬福橋是成都到彭州的必經之路，當時到彭州去擔油的腳夫，都喜歡在陳麻婆豆腐店裡休息吃飯。所以，在四川方言裡，「烘」這個說法是帶有地域性質的，很多字詞因為地域性的關係，在發音上就存在著一些不同。

「熠」又是什麼意思？

根據師父的理解，以前陳麻婆豆腐店的薛祥順師傅篤（按：

燒煮）豆腐時，他會先燒一鍋豆腐，把水豆粉下鍋了以後，再端到旁邊的偏火眼（按：指爐膛中所設的分支火眼）上去，用以保持溫度。豆腐在偏火眼上發出「咕嘟咕嘟」的聲音，人們根據這個聲音來說它是「熠」，無論從視覺還是聽覺來說，這加了芡粉的豆腐都是活靈活現。

由此看來，按照字面來講，「烘」就需要火大，湯一去就會急劇蒸發，帶著烘的性質，所以才有「急火豆腐」的說法。

燒豆腐用的時間其實並不太長，有些只需要2、3分鐘就起鍋，如果燒之前豆腐就已先過水或「除毛」（給豆腐過水時加鹽，追出膽水的苦澀，同時添加底味），時間就更短。以前的陳麻婆豆腐以碗為單位售賣，在生意很好時，廚師薛師傅會先做上一大鍋，然後放在偏火上慢慢「咕嘟咕嘟」，需要時就盛上一碗端出去。所以，麻婆豆腐的製作方式，用「燒」、「烘」和「熠」來說，都沒有什麼問題。

師父在美國榮樂園期間經常做麻婆豆腐，因為這道菜在美國也很受歡迎，當地人特別喜歡吃四川的麻辣味道。有一天師父在廚房裡做菜，一位服務生跑進來說：「有位女客人說不辣不給錢！」其實外國食客就是特別想來嘗試什麼叫做麻辣。師父就依照麻婆豆腐本身的麻辣味道來做，並在裡面多加了一些辣椒粉，讓這群食客吃得心服口服。

現在許多餐廳，都一味的改變菜餚本身的味道迎合外地食客。事實上對於外地客人來說，他們並不需要我們過多改變菜餚本身的口味去迎合他們的需求，按照我們的本味來做，或許才是他們最想要的。許多人會認為，吃當地美食，就像一場冒險的旅程，可以帶給他們無限的刺激與驚喜。

不過，這種情況也要分區域，「老外」具有一定的冒險精神，在中國很多地方可能就行不通。

　　1985 年，胡廉泉先生帶廚師們去桂林表演川菜烹飪，其中也有麻婆豆腐這道菜。剛開始時，大家做豆腐都加花椒粉，一開始還沒有什麼異樣，但後來就發現出了問題，有客人找到劉伯川，問豆腐裡都加了些什麼？有人吃了喘不過氣，有人被麻得說不出話來，懷疑是不是食物中毒了？這樣一來，之後做的菜裡就不敢再放花椒粉了。胡先生還跟大家開玩笑說：「我們的麻婆豆腐現在都不麻咯！」

　　在去桂林的時候，胡先生也帶了幾百斤豆瓣過去。剛開始時，每天燒一鍋麻婆豆腐都賣不完，可能是大家不大能接受辣椒、花椒，所以總會剩一些。當時桂林一些賓館都派服務生來學習、幫忙，有時到了開飯時間，一些服務生沒有菜下飯，就來找胡先生討菜，胡先生就舀麻婆豆腐給他們。這些服務生一開始還不知道是什麼菜，面露難色，胡先生就跟他們說：「你們吃了一次就會想吃第二次。」事實果真如此，從此以後，這群人就天天來要豆腐吃。胡先生在離開桂林時剩下的豆瓣，最後全部送給了他們。

　　說到吃，其實很多人都想嘗試新的東西，只不過有些人吃著放棄了，有些人卻在吃的過程中不斷適應，最終找到屬於自己的口味。而我們四川的麻婆豆腐，成為一個傳奇，有人望而生畏，有人卻胃口大開。

　　可能有的人會奇怪，為什麼這裡講的麻婆豆腐，調味料中只用了辣椒粉而沒有用豆瓣？這是因為傳統的作法就是這樣。現在許多廚師用豆瓣，或者豆瓣、辣椒粉兼用，這對菜餚的風味無太大影響，所以也是可以的。

PART 3

幾近失傳的
神祕傳說料理

開水白菜

清清如水價矜貴

其實，寫這道菜時，我內心是有幾分忐忑的。

為何有這樣的擔憂？這是因為，無論是在川菜的各種老典籍，還是今天的眾多新媒體，開水白菜一直都是大家爭相談論的話題。無論是早年的文人雅士，還是今天的各路新貴，開水白菜，也從來都不曾在他們的餐桌上缺席。

然而，我查閱了很多老食譜，也拜讀了不少有關它的文章，很遺憾，至今沒有人將這道菜真正講清楚、講通透。老食譜僅僅是指南，告訴你主料、配料、調味料的組成和簡單的製作方法，非內行不能解其意；而那些鋪天蓋地的文章，不是道聽塗說後加上個人臆想的胡編亂造，就是東拼西湊、複製貼上後的斷章取義。

一碗開水，為何驚豔八方？

一道製作到位的開水白菜，端上桌來並無什麼稀奇之處：湯色呈淺淺的茶色，清澈如水，幾瓣淺黃色的白菜靜臥湯中，如此而已。然而一入口，它的清香淡雅、醇厚綿長會立刻驚豔四座，令人回味無窮。凡是吃過正宗開水白菜的人，和對開水白菜有所了解的人，或早已有此共識。

師父說，**評判這道菜成功與否的標準是，色澤要清爽，湯中不能有任何雜質，必須清澈見底**，哪怕有一滴油珠漂浮在湯中，均視為廚技不過關。

　　觀摩過師父做這道菜，並聽他同步講解，才知這碗相貌看似平凡無奇的開水白菜，是多麼來之不易。

　　這道菜，主料白菜看似並無什麼特殊之處，但其實對它的要求近乎苛刻。選材必須是黃秧白（也叫黃牙白），現在也可以用娃娃菜來做，剝掉整棵白菜大部分外層，只留裡面最嫩的菜心，差不多三層左右的菜幫（按：外層葉片靠近根部的寬厚部分），還要成棵狀，不能是散心。去頭，然後每片菜心用小刀剔掉筋，再將菜心中間剖開，各切兩刀或三刀，使菜心分為四瓣或六瓣，上下要切得寬度一致。這就算完成了白菜的第一步製作。

　　第二步：將準備好的菜心在開水裡汆（按：音同蛋，將蔬菜等放到鍋裡，用開水燙一下，很快就撈起來）一下，備用。「汆菜心的時間一定要掌控好，水燒大開，菜心下鍋只是一滾就立刻撈出，汆菜心的目的是去其生味。」師父邊做邊講解。

熬湯不稀奇，「吊湯」才是絕活

　　這道菜的關鍵在湯。這個湯是一種特製清湯。

　　第一步：將雞、鴨、火腿、排骨、瘦肉等一起在冷水中燒開，去血腥和雜質。

　　第二步：將這些原料撈出放入清水中反覆漂洗乾淨，裝罐，加蔥、薑，適量黃酒，加水燒開，轉小火繼續煮 5、6 個小時，待原料煮軟後，鮮味全部溢於湯中，撈出所有原料和大的雜質。此為一般清湯。

　　第三步：將一般清湯置一旁沉澱，待澄清後倒入另一鍋中。

　　第四步：分別將純瘦豬肉和雞胸肉捶細成茸狀（業內分別稱紅茸子和白茸子），將紅茸子和白茸子分別加適量冷湯（按：冷卻後的高湯，而不是水）解散。

　　第五步：吊湯（按：有的地方稱掃湯）。將一般清湯用大火燒開，加鹽、胡椒粉調味，用勺子將拌好的紅茸子倒入湯中，大火燒開之後調到小火繼續慢慢熬煮，漸漸的，湯裡的紅茸子浮了上來，下面的湯變得清澈，待紅茸子成朵狀時，用勺子取出；湯汁繼續燒開，再把白茸子倒入鍋中，依照以上方法把湯清好、燒開，離火後待湯汁沉澱至澄清如水時，再用紗布將湯汁過濾。

　　這個過程，業內叫「吊湯」。吊湯的目的是除去湯裡面的雜質，增加湯的鮮味。經過兩次吊湯，湯總算徹底變得色如淡茶，清可見底，鮮香味濃。此時，特製清湯才算製好。

　　我問師父，吊湯這個環節的關鍵點在哪裡？師父告訴我，剛開始做好的湯，嚴格意義上叫毛湯，也叫坯子，是精加工的半成品。在吊湯這個環節，每個師傅手法有所不同。吊湯分兩次，有些師傅是先吊一次，上菜之前再吊一次。關鍵是，**吊湯之前一定要把鹽放進去，不放鹽，湯永遠不清**——此乃鈉離子的作用。「加鹽的同時把胡椒粉也加了，吊的時候就把胡椒粉的渣渣也吊了。頂多有點油珠珠，打掉就是了。清澈如水，清澈見底的嘛！」

　　師父告訴我，一份開水白菜至少要用一斤半到兩斤湯。他還回憶說，早在 1997 年，他在成都沙灣會展中心時，吊一鍋清湯的成本是一斤 60 元。我掐指一算，今天的一份開水白菜，光是這「開水」的成本也得好幾百吧。

　　「還有一點也很重要，」胡廉泉補充道：「很多廚師用清水煮茸子，一些書上也是這樣寫的。其實要用冷湯，清水煮湯不能增加湯的鮮味。」

　　胡先生說：「多年前有一個香港新聞代表團來成都，主辦方接待，總共四桌，我陪一桌。那天的菜單上就有一道清湯菜。下席後，廚師長問我：『今天的清湯怎麼樣？』我說：『不怎麼樣。』他急了說道：『我吊了三道！』我說：『你用啥子改的茸

子？』他說：『清水。』我說：『所以才越掃鮮味越淡。』廚師長問我怎麼一回事，我就跟他說：『湯煮茸子才是王道。』」

「我聽說，吊完湯的茸子，不可以拿來做餡、做臊子？」我向師父和胡先生求證，他倆呵呵一笑：「狗都不吃。」這個不難理解，因為經過兩次的吊湯，雜質全部吸附在肉餅上了，而肉的鮮味也全都進了湯裡。

「有的廚師熬湯時好像還加了肘子（按：豬腿最上面的部位）、干貝等。」我繼續問。

「加這些無非是為了增加鮮味嘛！」師父回答，「不過我認為，加肘子無可厚非，加海味就要視情況而定，**開水白菜不適合用海味來吊清湯**，吃的就是一個清香淡雅的風味，最尋常的菜，用最高檔的湯。正所謂『原料原湯，原湯原汁，原汁原味』。」

這道菜的最後一道工序：汩好的菜心擠淨水分，放在調好味的清湯中，上籠旺火蒸 5 分鐘左右，上菜時翻在碗裡即可。注意蒸時菜心要完全浸沒在清湯中，鍋蓋一定蓋嚴。

末了，師父還強調說，菜心蒸製的時間很重要，時間太短，菜心沒有入味；太長，本來就極為細嫩的菜心很可能茸爛。這樣的話，前面做了那麼多工作，最後都會因菜心碎爛不整而前功盡棄。這些，都是長期不斷的實踐摸索總結出來的，沒什麼絕招，全靠廚師自己的經驗。

百菜還是白菜好

這道菜說起來至少也有一百多年的歷史，是道老菜。據師父講，早在他們的師爺藍光鑒那個時代，成都那些名餐廳、包席館就已經有開水白菜，「過去叫清湯白菜，後來一些有身分的客人覺得湯色像開水一樣清澈，就逐漸叫開水白菜了。」而且，這道菜的烹製早已成為名廚大師的廚技象徵，「開水白菜做不好，名廚大師也枉然」，這樣的說法在川菜界由來已久。

講起自己的司廚經歷，師父總說自己特別幸運。他說，好多廚師終其一生也沒機會做開水白菜這樣的大菜，而他，年輕時在榮樂園就得到他的師父張松雲特別器重，不管是什麼重活、難做的菜，張老先生總是說：「開發，去做！」正是在那樣的嚴格要求下，他人生的第一份罈子肉、開水白菜等大菜誕生了。

彼時的成都榮樂園，湯菜是很有名的，開水白菜正是它的當家菜。現在上了年紀的老成都人，都還記得這樣一句話：「榮樂園的菜淹死人，頤之時的菜嗇死人，竟成園的菜脹死人。」這個淹死人，指的就是包括開水白菜在內的一些高難度湯菜；而頤之時的菜因為分量小非常精緻，所以叫「嗇死人」，吝嗇的嗇；竟成園的菜

分量很大，去的人都吃得很飽，所以有「脹死人」之說。

我想，如果不是因為開水白菜，讓尋常的白菜有了如此高雅脫俗的展現，那句「百菜還是白菜好」，恐怕也不會被文人雅士津津樂道這麼多年。

談到這道菜的起源，我猜測絕對不會來自民間，一定是出自大戶人家或官宦。因為普通人家沒有條件啊！那麼多東西熬一鍋湯，好奢侈！一定是官派。師父和胡先生也認可我的看法。

我聽王旭東講，他所知道的，好像是名廚羅國榮等人創制出來的，那時羅國榮師傅就在頤之時司廚，給當時的有錢人、軍閥、金融幫做菜。

我還從王旭東那兒得知，開水白菜第一次走出四川到北京、走出國門是在 1950 年代，確切講是 1954 年，川菜進入國宴，是周恩來親自批示的。1959 年北京成立四川飯店，文學家郭沫若題寫的店名，主廚的是川菜大師陳松如。

　　開水白菜是被當作四川飯店慶典宴會的湯菜上席的，周恩來等國家領導人都對此菜倍加讚賞。當時北京四川飯店的開水白菜，同樣也受到外國賓客的接納和喜愛，日本客人尤其欣賞，他們不僅在席間細細品味，還將此菜的烹製過程錄製到了他們製作的《中華美食集萃》錄影帶中。當年，這道菜還被川菜大師陳松如先生帶到了新加坡，一時間轟動獅城。

　　我翻看了 1980 年代出版的一些川菜老食譜和書籍，如 1987 版的《北京飯店的四川菜》、《筵款豐饈依樣調鼎新錄》、《川菜筵席大全》，1988 版的《四川食譜》、《四川菜系》、《四川飯店》等書，均未找到開水白菜這道菜的身影。

　　而在二十一世紀初的一些文化人的著作裡，比如 2004 年車輻所寫的《川菜雜談》，2006 年我的好友石光華的《我的川菜生活》，2013 年出版的川菜名廚劉自華先生的《國宴大師說川菜》等書，則對開水白菜貢獻了不少的筆墨。這些，都對開水白菜聲名鵲起產生很大的推動作用。尤其是這道菜所呈現出的清淡內斂、高雅脫俗的氣質，特別符合中國文人的精神追求。

　　如果說麻辣使川菜凸顯個性，那麼清淡則使川菜平添了幾分典雅。而開水白菜，是讓「清淡」達到了極致，到了登峰造極的境地。中庸平和、大道至簡、海納百川、水利萬物而不爭，這些是我對開水白菜的理解。

雪花雞淖

吃雞不見雞的味覺高境界

　　在中國很多地方的佛寺道觀，素有「吃雞就似雞」、「吃肉就似肉」的烹飪技藝，即是將素料製成有葷味的菜餚，「以素托葷」。而早在一百多年前的四川包席館，則反其道而行之，「吃雞不見雞」、「吃肉不見肉」，將葷料製作成素形，即所謂「以葷托素」。

　　雪花雞淖、雞豆花這兩道名菜，便是傳統川菜中以葷托素的傑出代表。

　　師父親手烹製的雪花雞淖一端上桌，在座所有人無不驚嘆：雞肉竟然可以做成這樣，實在太不可思議了！只見一堆潔白無瑕的「雪花」，跟盛放它的白色圓盤渾然一體，一些鮮紅的細小顆粒點綴其上，白裡透紅，十分搶眼。

　　靜靜欣賞竟捨不得動筷。在師父「這道菜要趁熱吃」的不停催促下，我終於拈了一筷。入口細細品味，滑柔、細嫩、醇香，吃不出明顯的雞肉味，但確實很嫩很香，回味厚且悠長，非常奇妙的味覺體驗。

　　這真是雞肉做的菜嗎？如果是，它又是如何變成這般美麗的雪花狀？

　　師父呵呵一笑，隨即娓娓道來：「這是一道製作極為精細的工藝菜，在我年輕的時候，可是得到過你們師爺張大爺（張松雲）的真傳呢！」

　　聽師父講完這道菜的烹製過程之後，我將其歸納為以下四個

步驟。

第一步：製雞茸。嫩雞雞胸肉，去皮、排筋，拿刀背將雞肉捶茸。不能有細顆粒在裡面，所以需要先用刀背來捶，一直捶，使它慢慢成為泥狀，最後拿刀口把一切有纖維的東西斬斷。

第二步：調漿。捶好的雞茸用冷湯改散（切記不能加熱湯，熱湯一下就黏起來了，冷湯才能使雞茸散開，並逐漸溶成漿狀）。加入雞蛋清調勻，最後加水豆粉和少許鹽。如果要加點胡椒，那就是白胡椒粉泡水，因為雪白的雞茸裡不能有雜質（白胡椒粉的水可加可不加，不絕對），這漿就算調好了。

師父說雞蛋清、冷湯、水豆粉的比例很重要：「經過那麼多年的不斷摸索和實際操作，一份菜要多少茸子，我們心裡面是有譜的，大概是『二四八』定律，二兩雞茸、四個蛋清、八兩湯，再加五錢的乾豆粉，這就夠了。」

第三步：軟炒。先把鍋置好，鍋燒到一定程度後下化豬油，燒一會兒再來一次豬油，這樣可以防止雞茸黏鍋。

　　待油溫達到六成熱（約 150 度），把調好的漿加上一定的湯和勻沖下去，注意此時一定要加熱湯下去，同時快速鑱動它，兩隻手要密切配合，這個就叫「耍鍋兒」。因為雞茸、蛋清和豆粉非常容易凝固，左手端鍋不停顛動它，右手不斷鑱動，最後才能呈現美麗的雪花狀。

　　這種技法叫「軟炒」。我問師父能否用菜籽油或沙拉油代替豬油來炒製雞茸，他老人家的回答是：「這道菜成菜要求潔白如雪，菜籽油色黃，會影響成菜的色澤；而沙拉油雖然無色，但其香味絕對達不到動物油在煉製過程中產生的特殊風味。」

　　第四步：加火腿裝飾。雞淖出鍋裝盤，將瘦火腿切成很細的顆粒，撒在雞淖上面，就會看到雪白的菜上面有紅色點綴，十分生動好看。火腿做裝飾除了增加色彩外，它本身的鮮味，加上特殊的顆粒狀，都會讓這道菜更高級，如果全是雞肉，附加價值不夠。

　　回憶起年輕時候的從業經歷，師父說：「這道菜，這麼多年，那麼多師傅，不見得請出一個師傅就炒得來，一般炒菜館子根本沒機會做。筵席上肯定有的，但包席館子裡面，有些人幹了一輩子，卻永遠沒機會做這道菜，如果大爺不信任你就不會喊你做，有些人只是看過，更多的人甚至連看都沒有看過。」

　　由於這道菜曾經幾近失傳，只是在一些文獻上尚有記載，因此，當後來一些人翻看資料，想重現這道菜時都屢遭失敗。師父他老人家還清楚的記得，1980 年代他們對一些廚師進行技術職稱考核時，「有的廚師炒份雞淖，還要把蛋清攪打成蛋泡堆在雞淖上面，而淪為笑談。他連雪花雞淖的概念都沒弄清楚。」

　　而與雪花雞淖有著異曲同工之妙的「雞豆花」這道名菜，它選材、製雞茸、調漿等步驟與雪花雞淖完全一樣，只不過**雞豆花是用湯沖，成菜是道清湯菜，口味口感更加清爽，而雪花雞淖是用油炒，成菜是道炒菜。**

　　雞豆花曾一度作為北京的四川飯店高規格宴請的看家湯菜，款待過不少國家領導人以及外賓。2015 年，泰國公主詩琳通（Maha Chakri Sirindhorn）60 大壽，點名非要吃四川廚師做的雞豆花。據說，為了這碗雞豆花，負責籌辦壽宴的泰國團隊，提前半年就開始尋找廚師團隊。廚師到位後，42 名皇室成員嚴格試菜 3 次才過關。

　　師父說，這兩道菜所用食材就是普通的土雞，烹製過程也不複雜，但需要廚師眼明心細，每一步都要謹慎小心，任何一個小失誤都無法補救。「一個環節錯了，這道菜就不要再往下做了！」

　　第一個選雞，雞肉蛋白質的組織不能太老，生長期長了筋就老，不容易排乾淨，嫩雞效果更好。

　　第二個為刀工，雞茸沒有捶好，就會吃到纖維，口感會顯得粗糙。

　　第三個兌漿的比例，如果水不夠，豆粉不夠，就會死死一塊，口感顯老；水多了豆粉多了，則呈稀泥狀而非雪花狀；再一個，水多了豆粉少了，就會吐水，導致雞淖垮塌，菜的分量縮小，並且吃著只有肉感，沒有嫩滑的感覺。

　　師父說，這些東西其實書上都有，都是公開的，烹飪學校裡必教這道菜，但往往教了等於沒有教，因為可能教的人自己都沒有弄清楚。如果只是按照書本上照搬，而沒有多次的實踐，是絕對掌握不好這兩道菜。有些人做出來的口感，就沒有那種 Q 彈的感覺，有些很綿扎，有些像老豆腐，統統要不得。

　　「經驗必須自己去總結，光聽光看是不行的，要仔細觀察，還要去領悟。比如說抓水豆粉，抓幾次、抓多少，每個師傅有自己的習慣和經驗。本來這些東西就是，當你悟到時也就不是什麼問題了，所以說，師父領進門，修行看個人。」

幾經演變的「淖」

清末時的《四季食譜摘錄》和《成都通覽》，均有關於雪花雞淖這道菜的記載。由此可以推斷，此菜已有超過百年的歷史。而菜名中出現「nao」或「lao」音，則可追溯到更早，胡廉泉收藏的一本道光年間的手抄本，就有「雞酪魚翅」這道菜。

胡先生是一位好學之人，不僅川菜方面的學問淵博，對於旁通的知識也善於鑽研。聽他講雪花雞淖的歷史淵源，會腦洞大開。他告訴我，雪花雞淖中這個「淖」字，他曾看過四個寫法，最早的是「鬧」，另一種是「澇」，第三種是「酪」，還有一個就是現在的「淖」。

胡先生認為，用「鬧」字命菜名，毫無道理；「澇」，還勉強能沾到一點邊，水多了、溏起了，成泥狀了；「酪」，四川人並不讀「lao」而讀「luo」，音同「羅」；至於「淖」，成都有條街叫小淖壩，然而四川人依然叫它「小luo壩」，音同「羅」，沒有人叫它「小nao壩」。

但《成都通覽》出現最多的是「鬧」，不僅有「雞鬧」還有「松仁鬧」、「牛乳鬧」、「豆鬧」。胡先生說：「我估計這個『牛乳鬧』就有點像廣東那個大良炒鮮奶、炒牛奶，這是軟炒的一個代表菜；而『松仁鬧』呢，我特別記了筆記，是用甜酒、糯米漿加松仁來炒，說明它是用糯米漿來炒的，但它是作為一道菜，還是作為一種食品，並沒有詳細介紹。

「還有在《成都通覽》裡看到有雞豆花、海參雞鬧；另外我在整理《筵款豐饈依樣調鼎新錄》那本書時，裡面有一個菜叫雞酪魚翅，用的就是『酪』；『淖』在《成都通覽》中也用了，用到哪兒？用到糖豆腐淖、熬醋豆腐淖、相料饊子豆腐淖，現在我們都喊豆腐腦了，沒有哪個讀『淖』，我在想這個『豆腐淖』很可能就是

豆花。所以我就分析這道菜是學來的北方菜,只是北方沒保留下來,而我們四川一直把它保留至今。」 王旭東則認為,這道菜很可能是受了西方飲食的影響。他的理由是,近代重慶開埠以來,四川跟沿海和下江(按:長江下游)的聯繫比較緊密,西方的一些飲食手法、調味料傳到內地、傳到四川。

「因為乳酪的『酪』和雞淖的『淖』,我們四川話都讀『luo』,無論是成都那條街『小淖壩』,還是今天我們說的這道菜『雪花雞淖』,都只是取了『luo』這個音而已。

　　「只不過人們愛亂寫，就比如把『圓子湯』寫成『原子湯』一樣，原子彈的『原』，原子湯跟原子彈連結在一起好嚇人，肯定就是錯別字，尤其是用在食譜上，估計當時編寫食譜的人也沒想那麼多，只是為了取其音而已。其實川菜的成形，受了兩次鴉片戰爭以後被迫開通商口岸的影響，貿易帶來很多原材料，很多洋人透過坐船，從下江到長江上游去往雲南、貴州，傳教士也多，肯定有所影響。」

　　雪花雞淖和雞豆花這兩道菜，實際上就是同一種「分子料理」。雞胸肉透過烹飪變了性，變了形狀、口味、口感，這樣的結果給食客帶來驚喜：雞怎麼能做成這個樣子！

　　其實中國最早的「分子」烹飪應該是豆腐，植物蛋白凝固，吃豆腐就看不到豆子，我們吃雪花雞淖和雞豆花也看不到雞肉。所以，西方現在流行的「分子」烹飪，事實上中國的傳統菜餚早已有所涉獵了。

雞淖還是那個雞淖

　　我曾經問過師父，今天我們品嘗到的雪花雞淖和雞豆花，與一百年前的是否一模一樣？這麼多年下來，對這兩道菜有沒有一些不同的理解？烹製技術有沒有發生過一些變化？

　　師父的一番話頗具深意，他說：「我們首先要守住這道菜，最大限度的還原它。我們扮演了一個守住的角色，如果守不住，傳承便無從談起，所以說，實際上雞淖還是那個雞淖，你必須搞清楚雞淖的本質。

　　「其次，要去推廣，要讓更多人接受。隨著時代的發展，現代人對於食物的理解，包括健康飲食的理念，需要我們結合很多東西重新來理解和解讀這道菜。如果還是原原本本按照傳統的作

法，傷油（油重）是規避不了的，為什麼？沒有那點油就做不出來雪花狀。那麼推廣起來，可能就會有點麻煩。因此我們做了一些調整，最大限度的使其不要傷油。

「具體作法就是給一些增鮮的料，比如給了一些湯，勾了一些薄芡，使它更滋潤，更有親和力，在口腔裡面給人的體驗感更強；另外給了一些輔料，從養眼、飽眼福這個角度，更強調視覺體驗。目前看來，接受程度還算高。比如龍蝦雞淖這道菜，也是一種變革和提升，但前提是你必須先把雞淖炒好，改良不是把基本的都改沒了。」

每每談到一些傳統川菜的改良創新問題，師父都會感慨，川菜一路走過來，竟然將很多不該丟的東西丟了，這是多麼可惜的一件事情！**現在都在講創新，實際上連本、連基礎都沒有，談創新就太滑稽了。**師父一再教導我們，一定要多做、多思、多問。多做才會產生很多疑問，有了疑問你就要去想，想了你就要去問，做菜就是技術活，偷不得半點懶，「有少年科學家、少年音樂家，但是找不到一個少年廚師，這個全靠經驗、全靠積累、全靠實踐。」

而眼下一些年輕廚師急功近利，師父對此痛心疾首：「你看現在好多娃娃，三十多歲就『坤』（按：很拽）起了，什麼菜都炒不來，回鍋肉都沒有炒好就當廚師長了，一天到晚想當大師，用幾千塊錢買一個大師牌子，風氣太不好了。一些機構也都在賣牌賺錢，什麼註冊大師、骨灰級大師，簡直鬧笑話！」

神仙鴨

嘗過才知什麼叫神仙般的口感

　　說到神仙鴨這道菜，現在很多人可能並不熟悉，就算有所耳聞，恐怕也沒見過，更別說親口品嘗過了。據師父講，就連當年他司廚的成都著名餐館榮樂園，也不是經常做這道菜，更不是每個廚師都有機會去做。元富師兄也感慨說，自己入行四十餘年，除了見師父做過外，還沒有見其他師傅做過。慶幸的是，三年前，在師父和元富師兄的共同努力下，這道菜又得以重現，讓更多的人有了一飽眼福和口福的機會。

傳統的四大柱和四行菜

　　儘管淡出人們的視野這麼久，神仙鴨這道菜在傳統川菜筵席中的分量卻從未減輕。因為它是一道大菜，是川菜筵席裡的四大柱菜之一，少了它，整桌筵席將撐不起來。

　　師父介紹，傳統川菜筵席上的熱菜，又稱為大菜，一般八菜一湯或者七菜二湯。八個大菜中，又分為「四大柱」和「四行菜」。**四大柱分別指的是頭菜、鴨菜、魚菜和甜菜。**這四大柱菜就像支撐筵席的四個柱子，缺了任何一樣，這個筵席就「柱子不全」。**四行菜，是指穿插在四個柱菜之間的菜，**四行菜與四大柱相比，所用的食材更寬泛。四行菜一般包括：香炸類的菜、燒燴類的菜、二湯（也稱中湯）以及素菜。由於整個筵席通常都要上兩道湯，行菜中的這道湯便叫做「二湯」或「中湯」，以區別最後一個

「坐湯」，也就是押座的湯。

師父說：「過去鴨子在成都地區是作為筵席大菜的，成都的席桌可以不上全雞，但必須要上全鴨，是四大柱之一。一桌席，柱菜、行菜各四，頭菜、鴨子、魚、甜菜為柱菜，成都的四大柱菜是沒有雞的，必須要有鴨和魚，並且鴨和魚都要求上全的，有些即便要改刀，像樟茶鴨這種，擺的時候也要求擺成整鴨狀。」可見，鴨子在傳統川菜中的地位無可替代。

何以取名「神仙鴨」

有一天，我特地邀請了幾位來自上海的朋友，以及胡廉泉一起去松雲澤，品嘗師父親自操刀製作的神仙鴨。

那天，僅「神仙鴨」這個菜名，就讓在座的賓客滿懷想像和期待。良久，一隻形態完整飽滿、色澤棕紅油亮、香氣四溢的神仙鴨被送進包廂，驚豔四座。筷子輕輕一拈即散，入口皮酥肉嫩，幾乎不用咀嚼便化渣嚥下。更神奇的是，除了鴨肉本身的濃香，居然還混合著菌類和海鮮特有的鮮香，著實妙不可言。一時間，爭相給師父敬酒的、探究製作祕訣的、詢問菜名由來的、埋頭猛吃不語的……一場別開生面的「神仙鴨」美食主題講座就此拉開。

「神仙」二字由何而來？胡廉泉說：「這道菜至少有一百多年的歷史了，我查的資料是一九二幾年的，那時就叫『神仙鴨子』。但是後來的食譜將它改名為『南邊鴨子』，因為食譜都是『文革』時印的，好多名字不能用，你還敢叫『神仙』？至於為啥改成『南邊鴨子』，我特別請教過曾師傅（曾國華，師爺張松雲的師弟）。曾師傅說這道菜來自南方，『南邊』二字說明不是四川本地菜。但『南邊鴨子』是沒有顏色的，不像我們現在的棕紅色，這一點說明我們川菜廚師善於學習，拿來後並沒有完全照搬。滿漢全

席上也叫『南邊鴨子』，但絕對是沒有顏色的。

「我特地查過 5、6 本書，其中一本叫《中國美食大典》，裡面有兩種說法，一說是山東菜。說孔府的第 74 代孫孔繁珂，在山西同州做官時吃了這道菜，覺得太好吃了，就去追問作法。當得知作法後，孔繁珂驚嘆不已，認為這樣的烹製方法產生出的美味，一定是有神仙在暗中相助；另一種說法是，這是道民間菜，並特別點明是川菜。由此可以推斷，好多川菜都是老一輩廚師向各地風味汲取營養，在這個基礎上發展並保留下來的。

「我還查了 1985 年的一套書，有從神仙肉、神仙鴨、神仙雞，甚至到神仙茄子等以『神仙』命名的菜。不過，都沒能保留下來，只有成都的保留下來了。」

後來，胡廉泉先生還聽到一種說法，說有一種鹽子（按：鹽音同古，器皿），上面有八仙過海或神仙打仗的圖畫，人們把這種器皿叫神仙鹽子，鴨子就是放在這種器皿中蒸熟直接端上桌來，因此叫做「神仙鴨子」。

胡廉泉先生說，有些川菜確實是跟外地學的，但不是拿來就用，而是學其所長再加以創造發揮。他特別強調川菜的包容性與開放性：「現在也有很多外地廚師學習川菜的魚香肉絲和宮保雞丁，這不奇怪，菜本身就是大融合、大交流，是好事，但是就看你是提高了層次，還是整糟糕了。」

絕世美味的煉成

師父告訴我們，**秋天的麻鴨，或者一年以上的麻鴨，是製作這道菜最上乘的原材料**。至於為什麼，我先賣個關子，後面再說。傳統的作法是這樣的。

第一步：將麻鴨背開（從背部剖開，也叫大開），去掉內

臟，以保持鴨子的完整性。現在的烤鴨是翅膀底下開（小開）。

第二步：鴨子打理乾淨後，先在開水裡面收縮一下，薑、蔥、花椒一併下鍋，去血腥。撈出來晾起收水，抹上些許醬油，不要多了，過油炸一下，呈金黃色。把鴨子盤好，腳板、翅尖取掉，頭、翅膀壓於下方。

第三步：準備一張紗布，鋪上火腿、玉蘭片（按：用鮮嫩的冬筍或春筍，經加工而成的乾製品）、冬筍，均切成一寸長的片狀，行話叫「三疊水」，鴨子肚子朝下放在三疊水上，然後將紗布對角紮好包起，再將包好的鴨子放入湯中，吃糖色，入鹹鮮底味，切記寧淡勿鹹。薑、蔥、料理米酒加入湯中，可將邊角餘料如雞腳、鴨腳、翅膀、骨頭之類丟進去，增加鮮味，另加棒子骨（按：動物的大腿骨）進去，避免黏鍋。

第四步：燒開，去掉泡沫，然後慢慢煨，煨 3 到 4 個小時，出鍋。

第五步：上菜時準備好鴨船（器皿），鴨子出鍋後隔著紗布拍一下，使肉鬆散，解開紗布，翻轉擺盤，一點不亂。

師父告訴我：「1980 年代之前，物資匱乏，燕窩魚翅不敢用，熊掌沒見過，連紹酒（按：紹興酒，也叫老酒）都沒有。像神仙鴨這種大菜，有人吃才做，並且對季節又有高要求，再加上烹飪時間長、輔料多，還要把汁都收進去，所有輔料的鮮香味都進了鴨子裡，輔料最後都不要，相當於運動員的陪練。」所以，那個時候做這道菜的機會可說是少得可憐。不過幸運的是，師父卻與這道菜非常有緣，自年輕時開始一直有機會親手製作。

師父清楚的記得，他第一次做這道菜還是在 1970 年代末的榮樂園。當時的榮樂園已經成為七二一大學，要研究很多傳統菜餚。榮樂園要教學，所以很多菜都做，不是為了供應市場，而是為了傳承，很多傳統菜都是榮樂園最先做出來的。

　　「記得，我和李德福坐一張桌子，我們兩個年齡最大，工齡最長，好多菜都喊我們兩個做。當時普通包席 25 元一桌、市政府請客 40 元一桌、省政府 50 元一桌、副總理一級請客 60 元一桌，都規定了標準，誰也不能亂來。並且不單賣，只上筵席。那時，人們的平均工資一個月才三十多元。榮樂園的蟲草鴨，胸脯上插滿蟲草，足有 30、40 根，才賣 5 元，還沒人來吃。

　　「記得那是 1979 年，童子街，成都市最貴的筵席 1,000 元一桌。1,000 元的筵席什麼概念？涼菜是百鳥朝鳳，工藝大師張煥富和朱煥生親自操刀，海參、魷魚、燕窩、魚翅、熊掌、鮑魚請齊，當初認為的高檔食材基本請齊，若放在現在恐怕得賣幾十萬元哦！」

　　後來，這道菜也跟著師父一行川菜廚師們，到了美國紐約榮樂園，並且很受美國顧客歡迎。

　　據師父回憶：「在美國紐約榮樂園時，這道菜是寫在菜單上的，而且是賣得最好的一道菜。在美國時這道菜是零賣的，鴨子

在美國不貴，記得大概二十多美元，一碗湯圓都要賣 5 美元。在美國很受歡迎，首先是名字『神仙』，美國人覺得很新鮮、很神祕；二是味道確實鮮香，成形完整飽滿，非常大氣。

「美國人不像我們這樣自己拈，這道菜端來要先拿給顧客看，看過以後服務生再分給大家。服務生最喜歡老外分食，吃不完剩下的就可以自己吃。那些顧客吃過一次，基本上下次來還會再點這道菜。美國的鴨子很肥，過水之後，炸時要多點時間，追去一部分油脂。榮樂園距離聯合國大廈只有 200、300 公尺，各種名人與政界人士都會來，甚至帶著保鏢來吃。那時跟我們一起有個師傅叫李重賓的，做這道菜做出名了，大家都叫他『李神仙』，後來我們也沒怎麼聯繫了，如果活著的話，現在應該快 90 歲了吧。

「在美國時，這道菜是作為主打菜的，我們每天要賣十幾隻鴨子，所以就用一種特製的不銹鋼盒子，每個間隔都能裝進一隻鴨子，盒子擺好，先把紗布鋪好，一次裝多隻鴨子進去，灌湯、醬油、蔥薑、料理米酒下去一起蒸，煨變成了蒸。在美國時，為了使菜餚更具觀賞性，還要搭點蔬菜，青花菜在開水裡輕輕焯一下，擺在周圍，收汁，汁要濃稠一點，加點香油淋上去。」

雞要鮮，鴨要香，選材是關鍵

為什麼一定要秋天的麻鴨，或一年以上的鴨子？這個問題，元富師兄為我們做了詳細的講解。

原來，川菜界有句行話叫「雞要鮮，鴨要香」，神仙鴨作為一道傳統菜，不管是燉也好、煨也好、蒸也好，本身對鴨子的要求就很高。以前，成都人吃鴨都在每年的中秋前後，秋鴨上市還要喝鴨子酒。這時候鴨子的品質才符合神仙鴨要求的炝糯和濃香。

以前成都周邊的鴨子一般都是 2 月孵出來，然後在 3 月開始

放鴨子，鴨農趕起鴨子一路往成都走，小鴨們有魚吃、有蟲吃、有穀子吃，走到成都就成大鴨子了，一直到打完穀子。

為啥打完穀子時的鴨子最好？因為這個時候食物最充足，鴨子一路放過來，到成都已是 8 月，正是牠最肥美的時候。如果需要鴨子更肥，就要使勁給鴨子灌食物，最後鴨子肥到什麼程度呢？肥到耗子咬牠屁股都不曉得，因為全部是油。

所以，要保證鴨子的品質，時間很重要。因為牠要煨那麼久，3、4 個小時。不過，現在的鴨子季節性沒那麼強了，但我們仍選一年以上的鴨子。

為此，師父感慨：「現在很多東西都是本末倒置，什麼嫩子雞、嫩肥鴨，一點鮮香味都沒有，唉！這些食材必須要講究飼養時間，時間不夠，鮮也鮮不到，香也香不到。」

那麼，鴨子的選材有沒有地域性？元富師兄說：「成都周邊的鴨子基本是麻鴨，都不錯，比如蒲江、彭州一帶。北京鴨也是個品種，但是牠肥、嫩，卻不香，特別是神仙鴨這個作法，就決定了它的食材一定要好，畢竟要耗時 3、4 個小時，盡量收汁，盡量少芡（如果火候把握得好，可不著芡自然收汁），輔料主料都在 4 個小時吐出味來了。另外，輔料可以加重一些，除了邊角餘料外，還可以加點其他東西，我們加的是海味，就是為了使它的味道更飽滿肥美。」

我的思緒幾次被帶到了 1970、1980 年代的成都。想像著那時的初春，成群結隊的鴨子由鴨農帶領，從四面八方集結出發，開啟牠們生命中第一次，或許也是唯一一次長途旅行。牠們一路披荊斬棘、過關斬將，經過漫長的春夏秋三個季節，優勝劣汰，能最終到達成都的，必然都是身體健康體格強健的，用一場華麗的生命之旅，成就了一次令人讚嘆不已的美味佳餚。

竹蓀素燴
刀工、擺盤、造型都講究

　　清代著名文學家、美食家袁枚，用了四十多年時間搜集整理《隨園食單》，記載了當時流行的三百多種菜餚美酒名茶。書成之後，《隨園食單》開始在袁枚的朋友圈內傳看，眾人皆拍手叫絕。可這並沒有讓袁枚滿意，總覺得還差些什麼，思考良久才明白，做好任何事，最關鍵的是認真。

　　於是他提筆在《戒單》中添上「戒苟且」，此單是袁枚思考之後的頓悟，雖然未涉及技藝，卻是《隨園食單》重要的點睛之筆，乃《戒單》一卷壓軸之作。至此，二十須知和十四戒（按：請掃描 QR Code），成了飲食界的至理名言，而《隨園食單》也如廚師界《聖經》般被頂禮膜拜。

　　我在寫「竹蓀素燴」（按：竹蓀又稱竹笙）的時候，一直在想元富師兄為什麼要將這道菜「一素到底」？是跟袁枚先生當初對《隨園食單》的認真一樣，還是跟榮樂園百年傳承的「匠人精神」有關？

　　元富師兄說：「其實我對於傳統川菜的創新一直很謹慎。從我的觀察角度看，現在許多喊著『川菜要創新』的人，其實根本不懂川菜，他們不知道川菜的源頭根本就是『一菜一格，百菜百味』，而非現在這樣以辣統天下、油膩成多數。」

　　一百多年前，現代川菜逐漸成形，當時的川菜大師如我的

祖師爺藍光鑒、師爺張松雲等就非常注重兼收並蓄，薈萃百家所長，成自家之風格。

「可以說，川菜在藍光鑒時代就已經非常契合現代理念了，即尊重食材本身的性狀，巧加自然的利用，而不像現在這樣，一桌子亂配菜，麻辣油鹽成了主打，實在是既壞了顧客的身體，也壞了川菜的名聲。」

師父一直是退休廚師中的活躍分子，他老人家本可高高掛起，事不關己，但是目前川菜「不尊重傳統，胡亂創新」的現狀，讓他不能坐視。

「在我看來，既然是一道竹蓀素燴，我們就應該在以前『以葷托素』的基礎上改進，讓它一素到底，方能展現食材自然的本味。因為現代人對於素食的追求已不比從前，作為一名廚師，應順應食素者對於素的理解，無論是從食材的製作，還是到湯的製作，都要符合素食者的需求。這樣一來，當我們接待素食者時，就可以很肯定的告訴他們，這道菜是一素到底的真素。」元富師兄說。

隨著人們對素食的需求越來越多，一些素食館在推廣素食方面有著其獨到之處，這是一種廣泛性的趨勢，值得我們學習。「我平時接觸各類食材多一些，為了保證菜餚的高品質，食材大都是我親自到產地去採購。說到竹蓀，我們現在用的這個竹蓀實際上是用竹菇。」竹菇就是竹蓀每年初產時的第一批菇。

每年竹蓀素燴所需食材的最佳採摘時間：竹菇 3 月、竹蓀 4 月、香蓀 6 月、冬蓀 12 月。一般的師傅為節省時間和成本，會用煤炭烘製，硫黃熏之，而正宗的應該是用榈炭烘製，因為只有用榈炭烘製出的竹蓀（竹菇、香蓀、冬蓀）才能達到標準。

千秋百味，不如竹蓀美味

把這道菜一素到底的緣由講清楚了之後，我們現在再來聽聽師父他們那個年代的「竹蓀素燴」的烹製方法。

「這竹蓀號稱**素菜四大金剛（指豆製品、麵筋、筍和菌類）**之一，是寄生在枯竹根部的一種隱花菌類，形狀略似網狀乾白蛇皮，它有深綠色的菌帽，雪白色的圓柱狀菌柄，粉紅色的蛋形菌托，在菌柄頂端有一圍細緻潔白的網狀裙從菌蓋向下鋪開，被人們稱為『雪裙仙子』、『山珍之花』、『真菌之花』、『菌中皇后』。吃起來脆嫩爽口、香甜鮮美，別具風味，作為菜餚，冠於諸菌，堪稱色、香、味三絕，是宴席上著名的山珍。在菇類飲食文化的各大菜系中，幾乎都有竹蓀名菜。」

胡廉泉先生對於食材的研究頗深，隨口便可道出許多食材的特性，以及關於這一食材烹製的各種名菜。其中，湘菜中的「竹蓀

芙蓉」便是中國國宴的一大名菜，1972 年美國前總統理查‧尼克森（Richard M. Nixon）和日本前首相田中角榮訪華時，吃了這道菜後都讚不絕口。此外，如竹蓀響螺湯、竹蓀扒風燕、竹蓀燴雞片等，都是很有名的美味佳餚，深受國內外賓客的喜愛。

要做好這道竹蓀素燴，很講究刀工處理。「老傳統作法是把青筍、胡蘿蔔切成長條之後，再將其兩邊切成鋸齒狀，擺盤時就跟鋸齒花一樣，十分美觀。」師父說，過去做一道素菜，擺盤與造型很重要。

待焯熟的竹蓀、青筍、胡蘿蔔擺備好之後，上菜之前，鍋裡面加一點熟油，薑蔥入鍋爆一爆，爆出香味之時便可加入奶湯（按：用雞、鴨、豬骨、豬蹄、豬肘、豬肚等容易讓湯色泛白的原料，滾水先燙過，放冷水旺火煮開，去沫，放入蔥、薑、酒，文火慢滾至湯稠呈乳白色，如果是一素到底的素燴就需加入特製的素湯）燒開，然後濾掉裡面的薑蔥，加入鹽和胡椒水（如果是素湯就不能加胡椒）等調味料。

接著加入竹蓀、青筍、胡蘿蔔爆炒一下，這時就需要勾點二流芡（指呈半流體狀的芡汁。多用於湯汁不太多的燒、燴、炸、溜，和以湯為主的羹湯一類菜餚。二流芡要求芡汁既要與主料交融一起，又呈流態）。不能太濃，因為素菜如果弄得太糊了，既不好看也不好吃。

這裡需要注意的是，焯蔬菜時，要根據食材的特性該軟的軟，該脆的脆，否則胡蘿蔔或者青筍一旦焯久，筷子一夾就爛。所以，雖然是素燴但還是要掌握火候，這火候用在什麼地方？就是用在焯菜的時候。

「古人做素菜十分講究其中的雅氣，因此，在做這道竹蓀素燴時，我們要讓它時尚與精緻起來，讓食客感覺到這道菜裡面的雅氣和文氣。」胡廉泉先生補充說。這道菜在選料時也要有所取

捨，要根據擺盤的需要只取食材最佳部分。燴好之後，裝盤也是一種功夫。熱菜在鍋盤裡面呈半湯半菜狀，既要讓它感覺很豐滿有美感，還要將食材擺盤成放射狀或風車形，這些都是考手藝的，對一個廚師的綜合素質要求很高。

「在 1970 年代做這道菜時，是有很多廚師圍觀的。胡大爺（這裡指胡廉泉）應該知道，那時我們做的不是純粹的包席館，所以不是隨便哪個廚師都做得出來。成菜後，原料達到了極致的美感，不僅展現了師傅的功底，也給觀者帶來極大的視覺衝擊力。」師父回憶做這道菜時的場景。

以前的榮樂園要高檔宴席上才有這道竹蓀素燴。在 1980 年代，一般的宴席只要 25 元一桌，50 元一桌的宴席都可以吃到魚翅了，要是達到了 60 元一桌的宴席，就會有很多同行來圍觀。到了宴席當天，後廚被圍得裡三層外三層的好不熱鬧。

「記得 1972 年，陳松如還在榮樂園，我那天幫櫃上值班賣票，當天菜單上正好就有竹蓀素燴。有

客人問我：『你這個素燴有沒有肉？』我當時腦袋一下沒有轉過來，說怎麼會沒有肉呢！當我把票給對方時，一想不對，素燴怎麼會有肉？於是，馬上跑去問陳師傅，我跟人家說素燴有肉怎麼辦？陳師傅說，這個好辦，加幾片火腿就是了。」師父說起這個烏龍事件，至今仍然記得當時就是特別以火腿菜心、火腿鳳尾等菜餚與食客解釋的。因為這些菜，在筵席上也是作為素菜上的。

如果從行業素菜來說，一般是可以「以葷托素」的，如果從寺廟素菜來說，那就絕對不能加葷。而且這葷的範圍還不小，除了動物肉類及脂肪，薑蔥蒜以及刺激性的辣椒、花椒、胡椒、韭菜、洋蔥、蕗蕎、芹菜、韭菜等統統都不行。

胡廉泉先生說，如果要把這道菜一素到底，就離不開素高湯。這個素高湯簡單來說就是用香菇、黃豆芽、冬菜熬出來的素清湯。但素清湯在行業內用得少，要熬得好，比葷湯還要難。因此，好多師傅並不擅長。現在的人，講究追求的不一樣了，對於食材的要求也隨著健康觀念而提升，他們更加重視回歸自然，這也意味著食客們對於素湯的要求更高了。

「我記得去美國榮樂園時，還特地帶了一些竹蓀去，結果美國人不知道這個是山珍食材，還以為是野味，硬是給埋沒在倉庫裡了。那個時候的竹蓀一斤八十多元，跟魚翅的價格差不多。」師父說起這件事情就心痛。

素菜更能展現食物本來的味道

每道川菜各有各的使命，但核心始終只有一個，「一菜一格，百菜百味」，這是飲食的藝術，而飲食則是過日子的藝術。所以，這一日三餐的食物中，也有值得我們發現的生活美學。

中國很早以前就已認識並食用竹蓀了。最早記載竹蓀的是唐

初孟詵（按：音同身）的《食療本草》，其記載：「慈竹林夏月逢雨，滴汁著地，生蓐似鹿角，白色，可食。」唐段成式的筆記小說集《酉陽雜俎》中稱為「芝」。南宋陳仁玉《菌譜》稱：「竹菌，生竹根，味極甘。」王安石有「濕濕嶺雲生竹箘」的詩句。《群芳譜》載：「節疏者為笛，帶須者為杖。」此外，在《荊溪疏》中叫「竹菇」，《宋史・五行志》中曰「芝草」，《本草綱目》中謂「竹菰」。

明確稱竹蓀的，見於清末薛寶辰的《素食說略》：「或作竹蓀，出四川。滾水淬過，酌加鹽、料理米酒，以高湯煨之。清脆腴美，得未曾有。」清代時，竹蓀已列為貢品，用作宮廷御膳。

宋代有名的文藝青年林洪的《山家清供》裡，有一道「山家三脆」的製作方法裡，就曾有竹蓀的記載：「嫩筍、小蕈、枸杞頭，入鹽湯焯熟，同香熟油、胡椒、鹽各少許，醬油、滴醋拌食。趙竹溪密夫酷嗜此，或作湯餅以奉親，名『三脆麵』。」且還隨食譜配了一首與之相關的詩：「筍蕈初萌杞采纖，燃松自煮供親嚴。人間肉食何曾鄙，自是山林滋味甜。」

在我看來，《山家清供》這種記錄美食的食譜出現在宋朝，並非沒有原因。因宋朝民間富庶，平民中也開始流行三餐制。另外，在日本人眼裡，長裙竹蓀因外形像一身樸素、頭戴天蓋的虛無腳行僧，所以又被叫做僧笠蕈、虛無僧蕈。竹蓀入饌，在日本也是有名的齋菜。

蔬菜以素菜的名目獨立，也是始於宋朝。在唐朝及以前，蔬菜只是肉食的佐料配菜。清代文學家李漁對飲食的品鑑也頗有心得，在《閒情偶寄》中專設「飲饌部」，論述自己對飲食的養生原則和審美追求。「飲饌部」開篇便說：「聲音之道，絲不如竹，竹不如肉，為其漸近自然。吾謂飲食之道，膾不如肉，肉不如蔬，亦以其漸近自然也……」最後他還說：「蔬食之最淨者，曰筍，曰

蕈，曰豆芽。」一語點明了他對素食的推崇，以及竹蓀在素食中的地位。

　　而中國古代文人大多浸淫於儒、釋、道多元文化之中，儒家的仁愛、孝道與清廉，佛家的戒殺護生與慈悲之心，道家的清心寡欲與淡泊自然，三者在宣導清淡飲食的問題上殊途同歸，使得文人對素食有一種天然的親近感。而文人的素食相較於市井、寺院的素食，又多了幾分清雅之味，值得細品。

　　早在北宋的汴京和南宋的臨安，便已有專營素菜的素食店。始建於 1922 年的上海功德林蔬食處是中國有名的佛事素菜館，曾多次接待中外元首。到了現在，食素菜幾乎是一種潮流，被時人視為一種人生志趣的表現，因為在他們看來，素菜更能展現食物本來的味道，而「竹蓀素燴」一素到底正好與其理念契合。

罈子肉
川菜中的佛跳牆

　　說它神祕，是因為「川菜百科全書」胡廉泉說，他這輩子也只吃過一次真正的罈子肉，卻從來沒有看過它那無與倫比的美妙滋味是怎麼做出來的；說它神祕，是因為曾在《四川烹飪》雜誌工作了近 40 年的王旭東，年輕時曾多次去採訪老一輩川菜廚師，他們也僅僅知道罈子肉的配方和作法，卻並不曾親手做過或做成功過；說它神祕，是因為我 77 歲高齡的師父王開發，司廚一生仍不放棄對此菜的研究和追索，近年終於與元富師兄一起復原了幾近失傳的古法罈子肉……這讓我有了莫大的興趣想要將此菜弄清楚。

何為「罈子肉」

　　聽師父講，在早些年只有像榮樂園、竟成園這樣的包席館才做罈子肉。由於這道菜不僅用料十分講究又費工費時，而且適合規模較大的筵席，所以即便在高檔包席館也不是經常做，很多廚師終其一生都沒有機會接觸到這樣的大菜。而我的師父卻非常幸運，師爺張松雲的拿手菜之一恰好是罈子肉，作為師爺的得意門生，師父在二十多歲的年齡便得到了師爺的口傳親授。

　　何為罈子肉？師父告訴我：「川菜裡有個罐煨肉，罈子肉實際上是在罐煨肉基礎上的提升。不管是用罐子還是用罈子，它的烹製方法都是『煨』，實際上基本是一回事。不同的是**罐煨肉用五花肉，罈子肉用豬肘子**。」

　　製作傳統的罈子肉必須具備兩個基本條件：

　　第一，要用一個 40、50 斤容量的紹酒罈子作為炊具。

　　第二，必須要用鋸木面和榍炭作為燃料。「須事先備好一個離地 5、6 寸高的不銹鋼或者鐵架子，並將罈子置於其上，榍炭拿來引火，將鋸木面引燃，且不能用明火，要用暗火慢慢煨，煨一整天。」

　　聽師父講，罈子肉這道菜的用料相當豐富且量大，「一個豬肘約 5 斤；雞鴨各一隻，每隻約 4 斤重，還有海參、魚翅各半斤，干貝、金鉤蝦各 2 兩（泡發了還不止），再加上火腿、排骨、冬筍、菌子（按：蘑菇）等山珍海味，有的還加鮑魚、魚肚、虎皮蛋（雞蛋煮熟之後裹豆粉炸成虎皮色），有的還要加 2 塊獅子頭下去，光食材就幾十斤，料理米酒都要用到 4 斤。」

　　具體作法：豬肘燒過刮去黑皮，去毛洗淨砍成 4 塊，雞鴨去頭去頸宰成八大塊，將排骨放入罈子底部，再將砍好的豬肘和雞鴨放入罈中，然後將發製好的山珍海味統統放入罈中，加開水進去淹過食材，再加白胡椒、薑、蔥、料理米酒、鹽、糖色（或醬油）、冰糖，然後拿潤溼的草紙將罈口密封，用鋸木火慢煨 6 到 8 小時至完全炻糯。

　　那麼一大罈東西怎麼上桌？

　　師父說，做好了的罈子肉不是整罈端上席桌的，而是要盛入小的器皿裡分食。並且，切記，**雞腳鴨腳是不能端上席桌的**。

　　《川菜烹飪事典》中所描述的罈子肉作法，與師父講的大同小異：選一個豬肘洗淨，先將豬骨墊於陶製罈底，再將開水、料理米酒、薑、蔥、鹽、醬油、火腿（切塊）、豬肘（切四大塊）、雞肉（切四大塊）、鴨肉（切四大塊）、冬筍（切片）、口蘑、干貝、冰糖汁等一次放入罈中，以草紙（先潤溼）封嚴罈口，在鋸木末火中煨 5 到 6 小時。然後撕去草紙，將發好的魚翅、海參、炸好的雞蛋放入罈中，再煨半小時即成。

　　操作要領：肉、海味各料入罈前均要出水（按：指用一點油或是奶油以小火加熱蔬菜，而且頻繁的攪拌及翻動，確保由蔬菜中滲出的水分都蒸發了），並加工為半成品，需微火慢慢煨。

　　第二種方法所製的罈子肉，既可將各種肉分別裝盤吃，也可將各種肉分小塊，鑲盤合吃。

　　胡廉泉就曾吃過榮樂園的罈子肉：「那時候王大爺（我的師父王開發）到美國去，那個海參魚翅都是用紗布包起來，把它解開，一個大盤子一樣一樣的分別擺在裡面，把汁倒進去，我吃過，所以我有那個印象，但是他們怎麼做的我就不曉得了。」

失去煙火氣的改良版罈子肉

這道菜看起來並不複雜，實際上難度相當大，稍有差池就會功虧一簣。師父他老人家就曾有過失敗的經歷：「大概是 1972 年，我們按原來傳統的方法做，結果燒著燒著罈子裂了，湯水流了一地……估計是火力太猛，紹酒罈子承受不了那麼高的溫度。」

後來，師父他們再做這道菜時，就已經到了七二一工人大學時期了。作為教學，學員們又將這道傳統老菜翻出來做，但再也不敢直接放在紹酒罈子裡上火燒（擔心又被燒裂），而是先將食材上蒸籠蒸，蒸好後再裝入罈子裡用小火慢慢煨。

講到這，師父還想起了自己曾經「作假」的故事。1977 年，日本一廚師團隊來參觀，點名要吃罈子肉，「我剛剛把蒸好的食材放進紹酒罈裡，日本人就進廚房來了，他們指著罈子問，這道菜就用這個紹酒罈子做的嗎？於是我就從罈子中舀出肉給他們看，他們看到很興奮，還照了相。」師父如今說起這些都還心有餘悸，那個時候物資匱乏，平時也沒機會做這道大菜，他們迫切的想把四川的傳統名菜介紹給國際友人。可是，畢竟有了那次罈子燒裂的經歷，為了確保萬無一失，才有了那一次的「作假」。

或許由於罈子不耐高溫一直是個問題，加之用鋸末（按：指進行木材加工時，因為切割而從樹木上散落下來的沫狀木屑）這種方式費時費功，操作也麻煩，漸漸的川菜廚師們就都開始用蒸的方法來做罈子肉了。再往後，鋸末也見不到，直接演變成將一個個小罈放入蒸籠裡蒸，主料還是一塊豬肉，但就不一定是肘子了，也可能是五花肉，雞鴨也不是整隻雞、整隻鴨，很可能只是一個雞腿、鴨腿，或者一塊雞肉、鴨肉，再加一個虎皮雞蛋、一個肉丸子。最後再掛點面子（按：指東西的表面），可能是海參，也可能是魷魚，完全成了改良版。

　　說到罈子肉，王旭東老師說：「其實很多人沒有吃過，也沒有看過。但是因為流傳下來的文獻裡面有記載，如此多的珍貴食材聚在一起，取其精華，最終做出罈子肉，人們對它充滿了美好的想像和無限的期待。」

　　王老師還說：「我們剛聽到罈子肉時也很好奇，只知道是山珍海味，具體有哪些又不太清楚。我們去採訪那些老師傅時，他們要不就乾脆不說，要不就只說個大概，問多了還會責怪你問那麼多幹什麼！讓我們覺得這個罈子肉無比神祕，以至於直到現在我們都沒有完整配方。後來合編名食譜時，聽說重慶蓉村飯店有罈子肉，我們就去吃。結果還是改良版的蒸罈子肉。儘管味道也還可以，但畢竟不是期待中的原始方法煨出來的，有些失望。」

　　由此我在想，儘管改良後的方法一樣可以將罈子肉製作得十分肥美炇糯，但少了鋸木面長時間的微火煨製，以及紹酒罈裡，肘子、雞、鴨與那些山珍海味在一起，耳鬢廝磨般的親密接觸，這樣的罈子肉也就沒有了想像中的那種煙火氣，和「你中有我，我中有你」的大融合意境。在我看來，失去了煙火氣的罈子肉，又怎能稱之為原汁原味的罈子肉？

罈子肉的緣起

　　胡廉泉先生認為，最早的罈子肉應該是在福建名菜佛跳牆的基礎上發展而來。據他了解，罈子肉的作法和佛跳牆基本一樣。不過他說，香港的佛跳牆味道遠遠不及四川的罈子肉，因為香港的作法是蒸出來的，而非用子母火煨出來的。

　　這佛跳牆原來叫「福壽全」，由於味道肥美食材豐盛，便有文人墨客作詩「罈起葷香飄四鄰，佛聞棄禪跳牆來」。在福州話裡「福壽全」發音與「佛跳牆」雷同，後來這道菜就乾脆叫「佛跳

牆」了。

同時胡廉泉先生也說到了另外一種罈子肉，這種罈子肉在四川的漢源、安岳、石棉、涼山等地是古而有之的。漢源的罈子肉是每當過年豬宰殺了以後，把豬肉、肘子，包括豬雜切成一塊一塊的碼上味（按：著味、打底味），豬油拿來熬，熬好後就用這個油來炸這些肉，炸製成金黃色以後，連油帶肉裝到罈子裡，這種肉放一年都不會壞。

它是把罈子作為一種器具來儲存豬肉，當地人一般稱為「油裡肉」，這實際上是一種儲存手段，罈子的作用是儲存工具而非炊具。罈子裡面儲存的肉，在要吃時就拿出來，跟蒜頭或者酸菜燜在一起吃。胡先生說，這種罈子肉，為了使保存期更長些，罈口是密封的，肉沉到油底下，豬油都凝固了。

關於罈子肉，胡廉泉先生還回憶起一件往事，他說我的師爺張松雲曾親口跟他說過一個故事：以前有個武狀元每天都要練功，胃口特別好，一吃就是一頓盆（可能是一種盛器）。頓盆裡有些什麼呢？一塊肘子、一隻雞、一隻鴨子，還有好多饅頭。這些東西他一頓就吃完。武狀元有個親戚看他胃口那麼好，很羨慕，武狀元說：「你不要羨慕我，你看我每天怎麼練功，要消耗多少精力，你跟著我練，你也可以吃這麼多，就看你練不練得來。」胡廉泉先生認為，故事裡所描述的「頓盆」裡的內容，正好就是罈子肉的食材。

為「罈子肉」特地建一個工坊

那麼，老一輩廚師們津津樂道的傳統罈子肉，還能重見天日嗎？對此，我的師兄張元富肯定的說：「從目前我們松雲澤的實驗結果看，是可以再現傳統罈子肉的，因為現在我們用的是江西出產

的紹酒罈，它經得起 7、8 個小時的高溫燒煮，用原來的方法製作一點問題都沒有。」

「這麼費工、費時、費料又高難度的一個菜，為什麼要來恢復它？是怎麼樣一個初衷？」我問元富師兄。

「既然這道菜有資料留下來，而且業界都知道咱們的師爺又很擅長罈子肉，再加上師父他老人家一直沒有停止過對這道菜的追索，所以我覺得必須去研究並恢復它。

「經過無數次的失敗，現在總算試驗成功了。我們在溫江做火塘子（按：又稱火坑）。完全恢復了以前傳統的作法，青槓炭，鋸木面，江西產的耐高溫罈子。但在分量上我們做了改變，不再是幾十斤那麼大一罈，而是改用小罈。我們覺得這件事本身就應該變，傳統的方法應該留下來，而面對當今市場和食客的需求，大家都講究營養、健康時，就要考慮它的合理性。」

據元富師兄介紹，目前研製出來的罈子肉是一罈兩份，先將肘子、雞鴨、排骨等主料進行至少 5 個小時的前期煨製，使罈子裡的原料融合變化，最後再加海參、魚翅、金鉤蝦、干貝、火腿、冬筍等輔料煨，繼續煨 3 個小時。他認為這道菜本身就是一道講究火功的菜。「我們現在呈現出來的罈子肉，經 8 個小時煨出來自然收汁，佛跳牆都絕對達不到我們這種效果。」

在我眼裡，無論是年事已高的師父，還是花甲之年的元富師兄，將那些老食譜上講過的傳統菜經由他們之手復原，把以前的老師傅口傳心授卻模糊不清的技藝搞明白，甚至於在某道菜有所超越……我想，這才是真正的工匠精神。

4
PART

味如人生，
千滋百味

怪味棒棒雞
從走街串巷到登堂入室

　　提起棒棒雞，對於老成都人來說一點也不陌生。隨便閒逛一處菜市場，均可見到掛有「棒棒雞」招牌的實體店鋪。棒棒雞這道菜，現已是家喻戶曉，在實體店都能買到。而真正懂得這道菜作法的食客卻是甚少，能追其根溯其源者，則是更少。

　　這日，我一如既往跟著師父學吃菜，眼前這道剛剛做好的怪味棒棒雞，色澤清爽，香味濃郁，勾起無限食慾。

　　師父說，身為一名名副其實的美食品鑑者，在初識一道菜餚時，首先是從「色香」來構成第一印象。說起棒棒雞，印象最深的莫過於「怪味」這一味型，複雜獨特，色香味俱全。而一道美食能否勾起人們的食慾，「香」則是第一步。就像人們常遇到的，隨風飄來的食物之香。怪味棒棒雞中的芝麻香，便是其中一種。

　　芝麻醬是棒棒雞裡必不可少的一種調味料。若想要芝麻的香氣更濃，則需用心備火，手工將芝麻炒熟，再倒入碓窩舂碎，取出加香油調和。這種工藝出來的芝麻香沒有大量揮發，因此要比市面上賣的芝麻醬成品的香氣純粹許多。

　　現今，在正常的香油提取中，商家往往既要取油，又要留醬，所以芝麻的原料就炒得比較嫩，因而出現香油不夠香、醬味不夠味的現象。為此，師父還特地跟我分享了一個故事：「早在工業機械化還未大量發展前，人們都是手工推磨芝麻，而推石磨的工人以盲人為主，他們日復一日的工作，雖然看不到，但只要能聞到香味就知道可以了！」

　　這樣的場景，雖說早已不復存在，但讓我們知曉了更多美食之路的細節。然而，僅僅靠香並不能百分之百吸引食客，「色」也是勾起人們食慾的一個重點。芝麻或芝麻醬放多了，會看起來不夠清爽，所以芝麻油的用量很關鍵。其次，在調棒棒雞的佐料過程中，用油也很重要。**涼菜需要看起來十分清爽，所以拌菜時要選用菜籽油或者其他植物油，若將動物油用在棒棒雞上，會直接影響口感和視覺效果。**所以在涼菜中，基本上也不太使用動物油。

　　說到用油，早在 1950 年代，溫室效應並沒有現在這麼嚴重，成都的冬天不僅會下雪，而且比現在要冷上許多，菜籽油裝在瓶子裡有時也會凍結，而今早已沒有這種現象，菜籽油因此也在涼菜中得到了更好的利用。

走街串巷的民間怪味

　　對這些味道的偏好，最早都出自於民間。

　　「豆花涼粉妙調和，日日提擔市上過。生小女兒偏嗜辣，紅油滿碗不嫌多。」民國時期的成都文人邢錦生，曾經寫下這樣一首竹枝詞，一開始就講到了豆花和涼粉的妙趣之處，在於其調和的味道，其實這種相似的味道和提擔從街市經過的場景，現在也依然可以嘗到、見到。細心的人會發現，無論是在公園閒逛還是坐在樹蔭下喝壩壩茶（按：指在露天場地喝茶），都會時不時見到一些挑著擔子賣涼麵、涼粉、豆腐腦的人。他們，正是邢錦生筆下「日日提擔市上過」的商販。

　　胡廉泉先生對這些商販的最初記憶，可以追溯到1950年代。他們將煮好的雞肉切成一塊一塊的放在一個盆子裡，然後將調好的怪味佐料單獨裝另一盆子，提著篼篼（按：音同兜，為竹片、柳條等編成的器具，可用以盛物）或挑著擔子，沿街叫賣。那個時候的東西價廉物美，購買者很多，想必除了雞塊，很多食客也是衝著味道去的。

　　在一個街沿邊蹲下，拿起筷子在裝有雞塊的盆裡挑來挑去，最後夾上一塊，在調味料盆裡裹上作料（按：食物的調味材料），再直接送入口中。如此一塊、兩塊、三塊……如果食客不只一位，客人吃一塊肉，賣家就會對著那個人放一個小錢，最後按小錢的數量來收錢。

也有在附近住家的人想買回家吃，就自己拿一個碗，選一些雞塊在碗裡，另外再舀點佐料。面對這種情況，賣家都會拒絕。還是要你一塊一塊在佐料盆裡蘸上佐料後，再放入碗內。

那個時候的怪味雞叫做爨味雞（按：爨音同竄），後來人們覺得這個「爨」字太過複雜，就寫成了相似音的「串」字，即串味雞，亦指味道相互疊加在一起，風味奇妙無窮。

隨著這一味型被廣大食客接受與喜愛，越來越多的人開始重視並研究「怪味」。其實怪味並不只是用在拌雞上，人們根據自己的口味和喜好，還做出了怪味兔丁、怪味胡豆（按：蠶豆）、怪味花仁、怪味腰果等。

說起怪味胡豆，最早是由重慶的一家糖果廠製作出來的。我的師爺張松雲曾經最喜歡做糖沾類的食物，並從怪味胡豆上受到啟發，糖沾時以甜為主，加上鹹味，再加入少許的醋，將麻辣鹹甜固定下來，做成非常可口的怪味花仁。後來，也有人做出了怪味腰果等，這種作法被應用得十分廣泛。

除此之外，人們也做花仁蘿蔔乾，就是在蘿蔔乾中加入花生米等，加點金鉤蝦，拌成怪味，這道菜在很早以前就作為涼菜端上席桌了，深受食客喜愛。而今，市面上還衍生出了怪味麵、怪味抄手等，各種怪味層出不窮。

棒子是靈魂，用敲的才好吃？

胡廉泉先生說：「1980 年代，樂山有個賣棒棒雞的，叫周雞肉。特地寫了一封信給我們科裡的楊鏡吾老師。在那封信裡，他詳細描述了自己幾十年來做雞肉的一些心得。」

曾經屬於樂山的漢陽壩（今青神縣漢陽古鎮），地處岷江之濱，擁有肥沃的土地和獨特的地理優勢，這裡盛產花生，雞就花生

而食，因此長得特別肥嫩，是製作怪味棒棒雞的優選食材。而周氏選雞，就喜歡挑這種肥嫩的。挑選好雞後，將其宰殺、褪毛、去內臟，清洗乾淨，然後用一根長長的麻繩將雞捆上幾圈，放入冷水鍋裡開大火燒煮，待水燒開後，將血泡清理乾淨，再用小火燜煮至熟。熟透後，將雞撈起，放涼，再將麻繩解開，把整隻雞對半分成兩塊，用一種特製的木棒敲打雞肉，把肉敲鬆，再用手將雞肉撕成一根根的絲。

這就是最早的「棒棒雞」製作工藝。而今，許多商家為了吸引顧客，常在宰雞時，一個人宰雞，另一個人拿一根木棒對著宰雞的刀背，「嘭」的一聲敲打下去，如此反覆操作。這種方式大都是在表演。而「棒棒雞」的正解，或許更重要的是將雞肉敲鬆散，從而更好的入味。

經過不斷實踐與操作，師父逐漸發現，其實煮雞肉時也不一

定要用麻繩捆住。在煮的過程中，一定要加粉薑和大蔥去腥。雞肉煮熟開切時，除了正常的操作流程，師父還總結出了一個能夠讓拌肉更鮮的小竅門。

雞完整下鍋後，其兩腿之間的胯子內部基本不與外界的水相融，雞肉內部的水分就不易蒸發，因此形成了天然的內部小水庫，具有蓄水功能。這部分的水，屬於最純正的雞汁，很少被人注意，只有專業的廚師知道，卻極少利用。師父在做棒棒雞時，會小心翼翼將這部分的水收集起來利用，這樣拌出來的雞肉鮮味，是鍋裡舀出來的雞湯遠遠達不到的。

雞肉的挑選和煮熟只是最基本的步驟，重頭戲是在拌味。

調怪味，首先是調好醋和糖。用醋來改糖，就有了酸甜味。只是有了酸甜味而沒有鹹味，整個怪味也就提不上來，最終還是需要醬油來定味。在此基礎上調好之後，再加入麻、辣等味，構成五味。我的師父比較喜歡吃甜的，所以在按照這個步驟來製作時，基本上是屬酸甜型的怪味。有些廚師會加薑汁、蒜泥等，均屬於辛辣味，基本上不會影響整體口感。

在正常的拌菜中，師父總結了三種操作方式：一種是拌味，即將調好的佐料直接與食材拌合均勻；一種是淋味，就是把佐料調好後，要上菜時直接淋在食材上；還有一種則是蘸味，就是將佐料調好後放入碟子，食客蘸著來吃。這三種方式主要根據食材的刀工不同來選擇，**如果食材被切成塊狀，則需要拌著吃**，食材體積大，能更好入味；**如果切成絲狀，就要淋著吃**，入味快，時間上也剛剛好；**如果切成片狀，則需要蘸著吃**，片狀面積相對較大，蘸著吃可讓正面和背面都能受味。

現在，成都許多高檔一點的館子，蘸碟都是配在一邊，要吃時才淋上去。「如果先淋上去了，那就是眉毛鬍子一把抓，不成形了。以前都是要造型的，有『一封書』、『風車車兒』、『三疊

水』、『城牆垛子』、『和尚頭』等各種形狀。」

師父說，菜餚的刀工和顏色不一樣，那麼出來的形狀也就不一樣了。不過，師父說現在的廚師都是擺「一封書」的形狀多些。為什麼？可能跟手藝不到家有關，也可能跟快節奏的當下，人們對「快」的追求有關。

怪味是川菜味型的昇華

俗話說「十里不同風，百里不同味」，這道怪味棒棒雞在不同地方所呈現出的味道也各有差異。比如崇慶天主堂的棒棒雞，其主要味道就是鹹和甜；樂山地區的人喜歡吃甜，在味道上就比較偏甜等。

師父強調：「無論是以『鹹甜』為主打的崇慶棒棒雞，還是以『微辣回甜』為主打的樂山棒棒雞，要想達到怪味，都離不開**『鹹、甜、麻、辣、酸、鮮、香』**這七味。**這七味是怪味的基礎味**，而在這七味的基礎上廚師可以自由發揮，但你不能因為某一個味就把主味給蓋掉了。」

所以，這怪味棒棒雞看似一道簡單的「涼拌雞」，但要想做到七味巧妙搭配，又互不壓味，就猶如一場交響樂一樣，樂器種類再多也能演奏出和諧的音律。

在實際操作中，不管怎麼樣加調味料，都不要影響菜餚的整體口感。師父說：「怪味本身就是一個比較複雜的口味，寧願增一味也不減一味。在調味的過程中，每種味的佐料用量必須精準，不是經驗豐富的廚師很難駕馭。」所以，過去常說：「十個廚師能做出十種怪味。」

師父的這些話，聽起來並不複雜，而要真正領會其中之妙義，則需要經過無數次的實踐與品嘗。

　　如果說「家常味」是川菜味型的基石，那「怪味」就是川菜味型的昇華。怪味製法是川菜所有複合類味型中，難度最高的一種，更是檢驗廚師水準高低的一大標準。為此，2006 年四川科技出版社還特別出版了一本《四川怪味菜》，書中詳細介紹了兩百餘道怪味菜的烹飪之法。

　　從明末清初的「湖廣填四川」到各個地方食物的引進，以及不同飲食文化的相互碰撞與交融，現代川菜在時間的長河中包容並蓄並最終形成。這與四川的獨特物產、人口遷徙，及各個時期為川菜的研究與發展，做出貢獻的廚師們不無相關。怪味棒棒雞植根於民間，發展於大眾，成就於席桌……這當中的逐漸發展和變化的歷程，不僅展現在這道菜中，更在川菜怪味這一味型之中。

蒜泥白肉
蒜泥味型的開創者

　　蒜泥味作為川菜二十幾種味型之一，雖不多見，但也常見。其中，蒜泥白肉作為最典型的菜餚，不僅擁有悠久的歷史，也深受食客喜愛。

　　說到此菜，師父情不自禁扯起嗓子喊了起來：「蒜泥白肉二分！二分白肉，刀半兒！」

　　這突如其來的感動，讓人腦海裡浮現出 1950 年代的情景……鹽市口的竹林小餐門口，堂倌（按：舊時對茶樓、酒鋪、飯館、澡堂等服務人員的稱呼）肩膀上搭著一條白色的毛巾，拉著嗓子向後廚喊著。兩位食客就一張桌子坐下，點了一份蒜泥白肉，再上兩碗白飯……。

「四六分」是種講究

　　白肉的歷史在四川較為悠久，清朝《成都通覽》上就已經有記載。這道菜常常出現在一種叫做「四六分」的中型飯館裡。關於「四六分」，胡廉泉告訴我，在以前，「分」屬於計價單位，一分就是 8 文錢，屬於小錢中的一種。成都以前有個說法，葷菜四分起價，也就是 32 文錢。而白肉二分即可。白肉也是葷菜，但花 16 文錢就可以吃到，這是白肉能夠得到大眾食客青睞的原因之一。而四分，是一份菜的價格，六分就是一份半的分量，就是我們現在所說的「小份和中份」的關係。

　　早期的成都餐館並沒有這種分類，使客人感到諸多不便。譬如客人點了一份魚，那一份一定是一條完整的魚，若用餐的人少就很尷尬，不僅吃不完，還不能同時點其他的菜來吃。

　　為避免這樣的尷尬和滿足不同食客的需求，後來餐館的經營者就逐漸在分量上進行一些調整，即大、中、小份相互結合，分別對應不同的價格和分量。一、兩個人來用餐時，可以點小份菜；兩、三個人來時，可點中份；再多些人，就可點大份了。正是有了這種舉措，才出現了魚塊、魚花、魚條及瓦塊魚這種整料改小的菜式。當然，這僅是舉一個例子。大、中、小結合的經營方式，給客人提供了方便，讓客人用同樣的錢品嘗到更多的菜餚。

　　師父工作後，有時也會帶客人到竹林小餐吃飯，堂倌就像師父那樣扯著嗓子喊：「白肉二分！」、「二分白肉刀半兒……」這樣動情的喊聲，著實讓人回味無窮。以前，成都人有個說法：「竹林的白肉，一個人不夠吃，兩個人吃不完。」這是因為一份白肉只有 7 片，凡遇有兩人用餐時，招待師傅就會要廚房「刀半」，就是一分為二的意思。

熱片、熱拌、熱吃才是王道

　　蒜泥白肉，作為拌菜中的一種，屬於熱拌系列。現在的川菜拌菜中，已經有了涼拌和熱拌之分，但很多廚師仍不清楚這種分法。師父說，**一道正宗的蒜泥白肉，一定要熱片、熱拌、熱吃。**作為一名食客，判斷這道菜是否正宗，可以從豬肉的選擇、刀工、調味料等方面觀察。

　　蒜泥白肉中的肉，一定是要選豬身上的二刀肉。

　　將選好的肉放置清水裡面煮 6 到 7 分鐘，同時加入粉薑和大蔥去腥味。待肉有三、四分熟時，將肉撈起放在案板上，用刀切成

約一寸厚的小塊，然後放入鍋裡小火煮。

我常看到師父將肉煮熟以後，撈起、切斷，然後再放入煮過肉的湯汁裡，待要片肉時，才將肉塊撈起。此時的肉還是滾燙的，片肉時，還要不停的吹氣，將肉表面的溫度散開，一邊吹，一邊在手上左右翻滾，由於太燙，嘴裡還會發出「嘶嘶」的聲音，畫面特別生動。

師父說，這片肉的刀很關鍵，一定是要專用的片刀，而不能用又短又厚的切刀。片肉是一門技術活，要想把肉片好、片薄，刀工最為重要。將肉平鋪在砧板上，從熟肉的皮處開始斜著進刀。為什麼要從皮處開始進刀？因為皮是最不容易片的地方，把最難的部分片好了，後面的肥肉就容易操作了。在片肉的同時，還要注意以下幾點：

首先不要把皮片掉了，這是考驗刀工的第一步；其次是不要將肉片花了，即肉片的中間不要有個洞；第三是不要有梯子坎

（按：階梯狀），這樣會一邊寬，一邊窄，不均勻。而標準的肉片，一定是薄而透的感覺。究竟要有多薄？師父打了個比方，就像老木匠用鉋子刨下來的刨花兒一樣薄。

現今有很多餐飲使用機器來片肉，但手工與機器呈現出來的成品會有所差別：手工片的皮會波浪起伏，而機器片的皮就平平整整。雖說機器片肉方便快捷，但其肌理紋路卻不如手工的好看和好嚼。**手工切肉時，橫著下刀，可恰到好處的將肉的經絡橫著切斷**，這樣片出來的肉片，會更軟更化渣，吃的口感更好。

除了煮肉和片肉，準備調味料也很重要，包括複製醬油、蒜泥等。所謂**複製醬油，即按照比例在醬油中加入紅糖、香料，然後放入鍋裡面慢慢熬製出來的醬油**，包含了香、鹹、甜三個味道。而蒜泥呢，則是將剁好的大蒜放入碓窩裡舂，然後按照比例兌水調稀、調勻。

熱白肉片好後，裝入盤中，就開始澆料。先放複製醬油，再放紅油、蒜泥。如此，一道熱拌的蒜泥白肉就可以新鮮出爐了。

那麼熱吃是什麼意思？

「熱吃」即趁熱吃，只有趁熱吃，味道才佳。蒜泥白肉是道下飯菜，隨著飯一起上桌，肉片切好、調味料準備好後，**一定要在準備開吃時才澆佐料**，然後馬上端上桌供食客們享用。

白肉富含脂肪，這種脂肪一旦冷卻就會凝固，凝固了就沾不上味。那如果是熱拌，就更容易進味，而其口感也好。所以，澆汁時間也要有所講究，若澆得太早，不僅容易使肉的溫度提前降低，也會使顏色更深，味道更濃，影響色澤和口感。所以人們常說：「一道正宗的蒜泥白肉，只要被人端著從你面前走過，你就能聞得到香味，特別是那股蒜香，異常濃厚。」

「但如果沒有熱度，就沒有這個香味。因為肉片下面的熱度一傳上來，蒜泥的味道就出來了。」師父補充，**蒜泥白肉一定是要淋著來吃才最夠味**。

不斷變化中的蒜泥白肉

師父說，成都最早的蒜泥味是以鹹鮮為主，突出蒜泥的辛辣味。而自從竹林小餐的蒜泥白肉出現以後，人們便厚此薄彼了。

以前的蒜泥味不加紅油，就是醬油、鹽、芝麻油、蒜泥，拌起來就成菜。而竹林小餐的蒜泥白肉要加辣椒油和複製醬油，其味道就很有特點，以至於後來的蒜泥味型，基本都是延續竹林小餐的風味。

蒜泥味型其實使用範圍並不很廣，主要用以拌菜，蒜泥白肉因為被大家認可，所以逐漸成為了蒜泥味型的代表菜。

這一味型的菜，有著自身的優勢，不像薑汁味型，**若是加了紅油，就會把薑汁味壓住**。因此，蒜泥白肉加入紅油之後，就更能夠滿足四川人的口味。

除了熱拌，蒜泥味型還有許多代表菜，比如蒜泥蠶豆、蒜泥黃瓜、蒜泥鳳尾等。在傳統製作中，蒜泥鳳尾菜屬於生拌系列，要先將鳳尾菜在開水裡面燙熟，然後再加佐料來拌。

在其他地方，蒜泥白肉也是有影響力的一道川菜。1979 年 4 月，四川省烹飪小組一行應香港美心集團之邀，赴香港表演川菜烹飪技藝，受到了香港各界的歡迎和讚譽。表演 10 天，天天滿座。

據赴港的廚師回來講，川菜在香港也非常受歡迎。特別是樟茶鴨子、蒜泥白肉，不僅在實體店的看板上看得到，在《飲食天地》的廣告中也能看到。不久，美心集團的伍淑清小姐到成都來，還特別送成都市飲食公司一臺義大利產的片肉機。公司又將這臺片肉機放在了以蒜泥白肉聞名的竹林小餐。

「縱使參加過許多活動或者展會，蒜泥白肉的擺盤並不複雜。」師父分享說，最早的蒜泥白肉擺盤簡單，主要根據分量和食客多少進行裝盤。肉片好以後放入盤中，淋好汁端上桌即可。

而今，這道菜已經在形式上發生了許多的變化。有些捲成數卷，有些則一大片鋪在盤上。為了迎合健康飲食理念及更多人的口味需求，一些廚師也在肉片裡面捲上一點黃瓜絲，這樣可以滿足葷素配搭的需求。

也有一些廚師喜歡用竹籤做成晾衣（杆）白肉，師父對此並不太贊成：「說實話，不見得多美觀，這道菜本身就是要熱吃，經過這樣的折騰，豬肉裡面的脂肪就已經凝固不散，直接影響口感和食慾。這個創新的思路本身是不錯，但沒有從根本上理解這道菜的真諦，而有了背道而馳的感覺。」

因此，這道菜最關鍵的就是要熱片、熱拌、熱吃。

乾燒岩鯉
複合味型的極致

烹製岩鯉（按：為中國的特有物種，也可改用草魚、鯽魚）最早是從重慶開始的。因為重慶在江邊，可以就地取材，而當時地處平原的成都，難得見到岩鯉、鱘魚、白鱔之類的食材。車輻曾在《川菜雜談》中談及重慶菜的魅力：「弄魚，重慶廚師們的辦法多，乾燒岩鯉，便是其中一道。」

「成都的乾燒與重慶的乾燒不一樣。一個顯著的區別在於，**重慶的乾燒加豆瓣，成都的乾燒加芽菜**。因為在乾燒岩鯉這道菜出現之前，成都就已經有了乾燒臊子魚，用的是鯽魚。後來發現成都也有了岩鯉，才做了乾燒岩鯉。」師父一語道出成都和重慶的乾燒區別。

後來，我在查閱資料時，發現一篇〈近百年來巴蜀地區魚肴變化史研究〉論文提到，「民國時期成都著名餐館枕江樓，最初只是一家普通飯店，但烹製魚蝦頗有獨到之處（當時橋下販賣魚蝦者甚多，人們買後喜歡交給枕江樓加工成菜），故吸引不少食客。

該店所售河鮮頗具特色，以乾燒臊子魚最為著稱。此菜以臊子酥香，魚肉鮮嫩，味悠長而鹹淡相宜為特色，以熱紹酒下菜更是相得益彰。」（此資料在四川科技出版社 2004 年出版的《老成都食俗畫》一書裡也有佐證）事實證明，乾燒的技法和味型，成都早已有之。1949 年，川菜大師羅國榮的「頤之時」遷往重慶之後，這才有了他老人家吸收重慶之味後改良版的「乾燒岩鯉」，並成為當時重慶知名菜館的招牌河鮮菜。

如何做到完美收汁

「乾燒岩鯉，為川菜宴席菜中的珍品。岩鯉學名岩原鯉，又稱黑鯉，分布於長江上游及嘉陵江、金沙江水系，生活在底質多岩石的深水層中，常出沒於岩石之間，體厚豐腴，肉緊密而細嫩。最早受交通所限，岩鯉這食材一般是重慶在做。現在成都的交通早已四通八達，想要什麼樣的食材都有。」胡廉泉向我們介紹岩鯉這一食材。

川諺說：「一鯿二岩三青鮁」（按：鯿音同邊，青鮁在臺灣叫白腹魚）。其中**鯿魚清蒸極鮮，青鮁適合燉煮，岩鯉則最適合乾燒**。岩鯉是魚中極品，而乾燒又是川菜獨門絕技，接下來，我們便聽師父來講講此菜的烹製技法。

選用成年岩鯉一尾，去鱗剖腹取內臟，洗淨，打花刀，用料理米酒、胡椒、鹽醃製 20 分鐘左右。再下油鍋以中火炸至魚肉收緊，這樣做是為了在後面的烹製過程中，魚肉不易爛。炸好後撈出，開始準備「俏頭」（指調味料和配菜）：泡辣椒去籽切成節，大蔥蔥白切成約 6、7 公分長的段，薑、蒜、芽菜切成末，肥瘦肉切成如豌豆大小的顆粒。

鍋換冷油，逐漸加溫之後，先煵炒肉丁至微酥，然後放入泡辣椒節、芽菜、薑蒜，煵出香味後摻鮮湯，燒至味香。「要注意，拿勺子來回推動，火不能大，控制油溫。」師父做菜時習慣用明火，在他看來，用明火加上顛鍋的技法，做出來的菜肉才會活，不死板。緊接著，加魚、蔥、醬油、鹽、醪糟汁（按：醪音同牢，醪糟汁即酒釀）、白糖入鍋同燒。「不可用大火急燒，要用小火慢燒，並使其自然收汁。否則原料不易入味且極易焦糊。」師父提醒道。

而「顛鍋」這一動作，師父一直深以為美，是一種廚技的藝

術。現在的廚師往往掌握不好明火與菜餚的關係。掌握不好，菜不是炒老，就是炒不熟。為什麼？「因為，在他們秀技時，時間都耽擱在空中飛了。」

師父對於現在電視臺喜歡播放廚師表演燃火這一場面，也不以為然：「**這種燃火之後炒出來的菜有一股煙臭味**。電視臺為了追求畫面感，而忽略了菜餚本身的烹製要求。這些外行人看在眼裡覺

得稀奇、有本事的事情，在我們內行人看來就是亂來。」

接下來就是加湯，加湯時不能淹沒過魚，到一半的位置即可。湯燒去一半時，把魚翻個面，這時可以搖搖鍋，以免魚黏鍋。當湯越來越少，慢慢收汁時，膠原汁就出來了。「我在操作時，一般會等**鍋裡的湯汁收乾之後，把火關一下，讓魚『休息』一下**。這時你會發現鍋裡的魚會有水分出來，**然後再開火，進行最後的收汁**。」師父說這樣的收汁才是完美的，不會出現菜端上桌之後還會溢出湯汁的現象。

「有些廚師最後會搭點紅油，但我認為沒有必要，這道菜就是吃鹹鮮味。」王旭東說道。他說的鹹鮮味，就是乾燒岩鯉獨特的複合味。

「這裡比較突出的還有蔥的香味，蔥這個『和事草』是個很重要的調味料，在很多菜餚中，它都扮演了一定的角色。而這道菜的蔥之所以切成段，就是為了方便那些喜歡吃蔥的食客。我以前就曾吃過乾燒岩鯉中的蔥段，那滋味簡直好得『不擺了』（按：形容好到了極致，以致無法用語言來形容）。」胡廉泉特別提到了菜裡的蔥。

湯汁完美收乾之後，先將魚鏟出入盤，然後再把蔥段、泡辣椒節、芽菜末、肉丁蓋在魚上面。成菜之後，魚色澤金黃，魚肉緊密細嫩，味道鮮香。重慶的乾燒岩鯉作法基本相同，唯一不同的是加入了切細的豆瓣。這樣一來，其味型更接近家常味了，這也是川菜在各地都有自身地區特色和愛好者的原因之一。

「因為有了岩鯉這個食材，才有了乾燒岩鯉這種風味。食材是食材，方法是方法。不管是重慶的乾燒岩鯉，還是成都的乾燒岩鯉，我覺得就只是名字一樣都叫『乾燒岩鯉』，作法不同。」在師父他老人家看來，「乾燒岩鯉」到底是重慶的還是成都的，這個問題不必爭論。

獨特的乾燒複合味型

現在，我們來說說川菜中很特殊的一種烹製方法——乾燒。

「乾燒」只是燒法中的一種。一般來講，燒都要加芡的，唯獨乾燒不加芡。乾燒，是指原料在烹製過程中透過小火加熱，使膠質從中分解出來，達到湯汁濃稠的一種烹製方法。常見的乾燒菜餚有乾燒鯽魚、乾燒牛筋、乾燒鹿筋等。

乾燒在選材上，一般選擇肥美多脂、柔嫩鮮美的肉質食材，和澱粉含量重的蔬菜食材。如膠原蛋白含量豐富的雞、鴨、魚、魚脣、魚翅、豬肘、豬蹄、牛筋、鹿筋等。蔬菜則有馬鈴薯、芋頭、茄子、菌類、筍類、豆製品等。

原料多切為成形較大的塊條狀，魚類可整隻形態。為了使菜餚充分入味，往往須碼味處理，讓原料在烹製時迅速入味，並可達到除異增香之效果。為了保持成菜形態和風味需要，原料須經油炸、煸炒或煨味，使其定型、上色、增香、預熟等。

乾燒菜的味型應根據食者的口味靈活掌握。乾燒菜的口味有辣與不辣之分，辣者調味料以豆瓣醬、泡辣椒醬、乾辣椒為主，白糖、醋為輔，其成菜味型多呈鹹辣中帶甜；不辣者調味料以醬油、精鹽為主，其成菜味型多呈鹹鮮味。在收汁成菜時，若是鹹鮮味，可適當加入一點香油，若為鹹辣味，則可以加入一點紅油。

「師父，乾燒大蝦也是屬於川菜中的乾燒系列嗎？」

還沒等師父開腔，胡廉泉就先說了：「嚴格來講，乾燒大蝦不是我們四川廚師最先做的。據日本的川菜大師陳建明講，是上海的川幫廚師做的。我在上海時，只有沿海才有大蝦。而乾燒大蝦只是取了乾燒菜的風味，其技法並不是乾燒。**蝦**需要吃得嫩，而乾燒加熱的時間較長，肉質會變老，**不適合用來乾燒。**」

師父接著說：「在美國榮樂園時，我就把名字改成了蔥椒大

蝦，但還是保留了乾燒菜的風味。既在菜式上有所改變，又保證了嚴謹。」師父一向主張應保持川菜的本色，說起在美國榮樂園時做的蔥椒大蝦，師父特別跟我說：「將蝦上漿，在熱油中滑熟後，馬上撈起來，把芽菜、肉末、泡辣椒、薑、湯等放入鍋內炒出味，再放入大蝦一烹，快速起鍋。」整道菜烹飪不到 1 分鐘，既保證了蝦的鮮嫩，又展現了乾燒的風味。

　　這「乾燒技法」較其他燒製方法最大的不同在於，燒製後期味汁是自然收濃於原料之中，而不是透過勾芡將濃稠味汁黏裹於原料外表。品味之時，便有一種入味至裡、充分濃縮、醇香濃厚的風味效果，這也正是乾燒精髓。

為何乾燒風味會如此受歡迎？

正因乾燒菜餚有如此的風味效果，才能在業內廣泛應用，很多傳統類燒製菜餚都與乾燒菜餚相近。如家常白帶魚，以前燒製後要勾芡濃汁，給人一種黏糊的感官效果，會掩蓋白帶魚外觀的魚肉紋理，容易忽略魚刺。改用乾燒技法之後，帶魚外觀清爽，色黃味香，入口肉刺分離，食用方便；又如竹筍燒雞，以前多帶汁燒製，雖不勾芡，但湯汁偏多。改用乾燒技法後，成菜有油無汁，竹筍充分吸附肉香，味醇厚香濃，食後無餘汁不浪費。

「在以前的宴席上，要顯示廚師的手藝，往往需要在魚上面做文章。而高檔的宴席也會有一道乾燒的菜餚作為主打。」師父說起他們過去缺少海味的年代，一般就會選擇乾燒魚。河鮮裡，等級較高一點的魚類都會選到，而且都常常拿來做乾燒風味。

為什麼乾燒風味會如此受歡迎？

「因為，它是自然吸收入味的，應該有的香味、鮮味都可以得到充分的釋放。而收汁的過程之中，汁的味道又可以收入主料內部，一旦收汁完成之後，主料裡面的味道相當豐富。」師父說，過去「乾燒」技法都是拿來考廚師的重點。

「現在好多館子都不賣這道菜了，一是因為技術，我們那時做出來的乾燒魚，連魚划水（指魚鰭）都是香的。二是時效，現在是速食時代，花費半小時完成一道菜，老闆不同意，市場也不允許。」師父每每說起一些傳統菜餚的消失都會感嘆萬分。

這道菜為什麼會加入肉丁呢？師父說：「少許的肥瘦肉，是烹調岩鯉等魚類美食的必備之物，**尤其是山澗魚類的河魚體型偏瘦，脂肪較少，成菜易乾，可用肥肉調劑補充。**」原來，這裡面還藏著這樣的原理。

是的，很多人在聽到菜名時，以為此菜只有魚肉罷了，萬萬

　　沒想到它還需要與豬肉丁一同燒製。**「以油養魚」正是川菜特有的烹飪手段**，乾燒岩鯉也是這個原理。採用肥瘦相間的肉丁，可以降低菜餚油膩的程度，避免菜餚傷油。而被切成粒狀的豬肉與魚肉一同燒製，豬肉中的油脂遇熱融化，豬油脂滋養了魚肉，並保護其水分不會全部散發，這也是這道菜醇香的原因。

　　為什麼又單單會加入芽菜這一輔料？「芽菜在這道菜的風味上，可以說有決定性的增鮮作用。使這道菜的鹹鮮味得到保證。」元富師兄說得一點都不假。

　　有人曾說：「乾燒味，可以把複合味型的交響發揮到高潮，如同艾米爾・庫斯杜力卡（Emir Kusturica）的馬戲團美學（按：庫斯杜力卡是南斯拉夫傑出的電影導演，他的馬戲團美學背後，浸潤著他對南斯拉夫民族和歷史的深刻思考，同時蕩漾著他深深的鄉愁）一般。」這樣的形容一點也不誇張，乾燒確實具有很強的複合口感。以至於後來沿海一帶的廚師們來成都學習交流之後，回到當地都紛紛製作乾燒類海鮮菜餚。

　　在我看來，這乾燒的背後，不僅有川菜廚師對於傳統川菜的思考和創新，也有他們對於四川美食的深深熱愛之情。

香花魚絲
川菜的風花雪月

一日，我應邀去朋友家聚會，三五好友談笑風生間，時間飛快流逝。眼看到了吃飯時間，不一會兒功夫，朋友夫人已備下四菜一湯相款待。其中，一道十分家常味的青椒肉絲，端上桌的途中，朋友夫人順便從餐櫃上的一個盤子裡，取出幾朵早上才採摘洗淨的茉莉花，撒了上去。瞬間，這道青椒肉絲便飄來幾許茉莉花的清香味……。

這是多年前的一個畫面，這道加了茉莉花的青椒肉絲，深深的刻在我的味蕾和腦海裡，讓我至今仍對這頓飯記憶猶新。所以，跟師父無意間聊起「香花魚絲」這道菜時，我的腦子裡一下子便閃過了「茉莉花青椒肉絲」。

餐芳，還是食味？

以花入饌由來已久，古人謂之「餐芳」。

最早的「餐芳」紀錄，當屬屈原《離騷》裡的「朝飲木蘭之墜露兮，夕餐秋菊之落英」一句，借物言志的文字裡，彷彿可以想像一道道以花入饌的美食。

南宋詩人、美食家林洪，歸隱田園之後，過著十分清雅的生活，其中留給世人印象最深的，莫過於他寫的《山家清供》，裡面記有以花做餅、做粥、做麵的食譜居然數十餘道；北宋書法家鄭文寶創出的雲英麵，在麵裡加百合花和蓮花等花卉；北宋詩人、散文

家王禹偁極愛吃甘菊冷淘麵，還以此作詩一首：「采采忽盈把，洗去朝露痕。俸麵新且細，溲攝如玉墩。隨刀落銀縷，煮投寒泉盆。雜此青青色，芳香敵蘭蓀。」

以花入粥在宋代也很普遍，周密的《武林舊事》裡就提到了菊花粥和桂花粥的作法；明代高濂《遵生八箋·飲饌服食箋》描述的一款暗香湯……光聽到這些菜名，是不是立刻就有了胃口？

到了清代，以花入饌已極為豐富，在何國珍編著的《花卉入餚食譜》裡可以看到蘭花火鍋、梅花玻璃魷魚羹、杏花燴三鮮、玉蘭花扒魚肚、桃花魚片蛋羹、牡丹花爆雞條等菜名。

「雲南以花入饌是比較出名的，芭蕉花可以裹了麵糊炸著吃、金雀花可以用來攤蛋餅、菊花可以涮雞湯吃、蘭花可以清炒、玫瑰花可以做成糖漬的醬，再用來做鮮花餅……還有茉莉炒米線、芭蕉花炒臘肉、芭蕉花溜肉片、木棉花炒醬豆米、棠梨花炒蛋、仙人掌花燉雞等。」胡廉泉說起喜歡以花入饌的雲南，立馬想到了許多菜名。

其實不只是雲南，在北方也有以花入饌的傳統，只是不如雲南常見。生活在北方的人，對於槐花入菜大概早已不陌生。蒸槐花、槐花炒雞蛋、槐花餡兒包餃子、蒸包子，吃法有很多花樣，而最著名的吃法非蒸槐花莫屬。比如在河北，春末夏初時，有道菜是用槐花、榆錢拌玉米粉蒸熟，澆上麻油、醬油和在石臼裡搗碎的蒜泥調成的汁，是飯菜兼具的小食，名叫「蒸苦累」。

「東南亞，以花入饌的也很多。好多拌菜、湯菜裡都有花材。」胡廉泉補充道。

「對了，成都人一直有吃篓篓花的習俗（按：篓篓花是成都當地人的叫法，學名叫黃秋葵，是一年生草本植物）。成都人常把花用來煮麵、燒湯或涼拌來吃，菜市場有時也有賣。不過，如今流行吃的不是花，而是其嫩莢，肉質鮮嫩，含有豐富的蛋白質、維生

素、鈣等。」師父突然想起了成都人愛吃的「簍簍花」。

在中國，可以吃的花很多，常見的有：蘭花、梅花、菊花、梔子花、梨花、玉蘭花、茉莉花、海棠花、牡丹、玫瑰、月季、荷花、木棉花等，吃法也多種多樣。但**有些花卉含毒素是不能吃的，如夾竹桃花、水仙、一品紅、五色梅、虞美人等**。近幾十年，川菜也相繼推出過一些「餐芳食譜」，如菊花鳳骨、醬醋迎春花、玉蘭炒魚片、茉莉湯、牡丹花湯、菊花鱸魚、蘭花雞絲、茉莉花燴冬菇海參、菊花火鍋等。

其實，當我們仔細想想，這「餐芳」應該是取其形與香，而非單純為了吃花而吃花。因為，就我個人感受而言，這麼多可食用的花材，真正口感好的，少之又少。大多數花材都因其纖維構造而口感粗糙，讓它只能成為餐之配角而已。所以，這些可食用的花材僅常作為餐桌的點綴，一是因其季節性，二是因其不易保鮮，再者相較於其他瓜果或者米麵一類主食，花材的果腹效果更遜一籌。

在我看來，當我們在食用以花入饌的美食時，其實是在品味其中的情調與文化，是一種精神愉悅和別樣出塵的雅趣。

蘭花入饌，川人喜之

現在，我們來說說川菜「餐芳」之中，廚師們喜歡的一種花——蘭花。

蘭花入饌，是川菜花卉菜餚的突出代表。蘭花清秀雅致，性平、味辛，能清除肺熱、通九竅、利關節。菜餚中配蘭花，色澤淡雅，味道清香鮮美，具有厚味去膩、淡味提香的效果，令人百食不厭。《四川烹飪》雜誌 1994 年第 2 期〈風味蘭花菜〉一文曾載：「《餐芸譜‧蘭花》云：蘭花可羹可餚。著名畫家兼美食家張大千在作丹青之餘，曾與家廚合製成『蘭花鵝肝羹』，將一莛一花的春

蘭和一莛五、六花的蕙蘭合製成蘭羹，起鍋前加入春蘭，食服者無不叫絕。」

　　我們今天要講的香花魚絲，就是一道以蘭花入饌的代表菜。成菜以後，以少有的潔白清新顏色、爽心滑嫩的口感、鹹鮮可口的味道、醇香濃郁的香氣，在眾多的川菜佳餚之中脫穎而出，尤其是那芳香濃郁的蘭花香味，更是給菜餚增添了幾分神祕的色彩。

　　「其實，川菜以花入饌歷史久遠。最出名的，莫過於炸荷花、炸玉蘭、蘭花魚片、蘭花肚絲、蘭花肉絲、香花雞片、菊花火鍋等。而今天這道香花魚絲就是從蘭花魚片演變而來。」師父說起香花魚絲，一下子想起了很多川菜中以花入饌的菜餚。

　　「這道香花魚絲，用的是溜菜之法。這道菜在傳統食譜裡經常出現，但真正做的非常少。」師父說。做這道菜，一般選用肉質結構緊密、魚刺少、便於開片切絲的烏魚。先將選好的烏魚去

皮、去骨、片成片，再切成長 5 公分的絲。然後，用蛋清調好的豆粉上漿、抹鹽，加薑水以去腥味。用溫油溜熟，待魚肉由捲變直，立即倒入漏勺瀝去餘油，並快速調製芡汁，加入事先備好的蘭花，迅速烹炒裝盤。

「一定要快溜快出鍋。在魚絲入油鍋後，動作要輕，速度要快，一旦溜至斷生，迅即連油帶料倒入漏勺，控淨油脂，使原料盡快脫離高溫環境，保證原料質地軟嫩，成熟一致，清爽不膩。這裡，油溫的控制將直接關係到魚絲質地細嫩與否。」師父繼續補充做此菜的注意事項，「魚絲溜後，另起一鍋入油，並調製芡汁，待芡汁濃稠成熟後（有黏性），再添加輔料蘭花，放入調味料，迅速翻炒均勻。這裡，鍋要晃動幾下，使油鍋光滑，以防止糊鍋黏鑊，破壞菜的品質。」

以前，在許多人看來，廚師在那裡把鍋「顛來顛去」是在賣弄手藝，屬花拳繡腿。對此師父早有解釋：「其實，很多時候廚師『顛鍋』，是為了使鍋能夠快速均勻受熱並調節鍋內溫度，不使菜餚黏鍋和受熱不均以至影響菜餚的品質。關鍵是：手心合一。火候很重要，一過就會老。只有做到了這一點，才能夠讓這道菜既有鮮嫩爽滑的口感，又有蘭花濃郁的芳香。」

以花入饌，不能刻意而為

記得郭沫若有一首詩《夜來香》裡，就曾這樣描述過：「四川的廚師們，手藝實在高超，他們把雞肉絲和我們一道炒。又清香、又清甜、又別致、又新鮮，你吃過嗎？味道有說不出的妙。」關於夜來香入饌，師父繼續說道：「一般都是尋常人家用來和肉片一起滾湯，是清香消暑之物，也可用來祛風散寒。」

「師父，我可不可以這樣來解讀？直接用炒好的肉絲加鮮花

（撕成片），點到為止即可，不要去受熱，鮮花在受熱之後型就沒有型了，我總覺得視覺效果非常不好。」

在我看來，好多川菜師傅對花的解讀還是不夠。因為，有些花的肌理不對，直接炒之，吃起來不是苦的就是嚼不動。比如，一道茉莉花雞湯，完全可以在出鍋時，現撒幾朵茉莉花漂在湯上。端出來上桌，既有花的香氣，也有花的型。光是看到雞湯上漂著幾朵茉莉花，都能讓這道湯平添幾分詩意，而且也能喝到茉莉花的香味。而從文人食客的角度來講，取花的香和鮮以達到他們喜歡的意境。真正去吃它，其實是沒啥吃頭的。

「拋開一些以花的藥用價值入湯、入餅的不說，這些直接拿來炒的花，還是要選擇性的用。你說的這些還是有一定的道理。其實，早年在榮樂園我也很少做香花魚絲這道菜。」師父十分肯定的告訴我。

「從我所知道的以花入饌來說，改革開放之後，川菜師傅先後也做過一些，但一直沒有大受歡迎。一般都是剛推出一道新菜時，好奇嘗鮮一下。曾經，成都還開過一家專門賣花餐的館子，保證一年四季都有可以吃的花，結果開不到一年就關了。當時，我印象最深的是，他們在泡菜裡加了桃花，每個菜都跟花有關。真正來吃花的少，看稀奇的多。一桌席裡都是花，太豔。」

在王旭東看來，以花入饌，多以古代文人雅士為之。因為，在一花一席、鬥詩鬥句之間，花不僅為食物增添了文化內涵，也為文人雅士席間增添了話題與情趣。

其實，這也是我文章開頭想要表達的。以花入饌，不能刻意而為。應於不經意之間，為就餐帶來雅趣，同時也增添友人相聚的談資和話題。我們要做「餐芳」，就要先釐清它的文化內涵所在。以花入饌，要怎麼入，才能充分發揮花的型與香，並於品味之間，烘托出意境？

比如，如果文人雅士預訂來就餐，我們可以根據季節為其現場配製「餐芳」。同時，也可以調整一下以前對於花材的處理方式，哪些花可以受熱，哪些花需上桌前撒之。既要符合這道菜被寄予的詩意，又要符合文人雅士對花與美食的理解。

在我看來，川菜製作不囿於常規性原料，對於平常很少入饌、季節性較強的花卉原料的入菜製作，也有自己的獨到之處。成都，歷來便是一座文人雅士聚集的城市。如果我們能夠製作出深受人們喜愛，又能膾炙人口的餐芳佳餚，那麼不僅能夠豐富餐館的文化內涵，還能豐富川菜的風味、風格與特點。

回鍋甜燒白
川菜第一甜品

如今川菜雖然名滿天下，但都被一個「辣」字蓋了精髓，且外地人都以為川菜的代表是辣椒和火鍋。殊不知，川菜的很多精髓和精華都不在「辣」上。這裡，我要說的正是很多食客不了解的川菜第一甜品——回鍋甜燒白。

川人吃甜，由來已久

在說菜之前，我們先了解一下四川人吃甜那些事。

西漢揚雄寫的《蜀都賦》，說蜀地人做菜，調和五味之後還要「和以甘甜」，似乎是說什麼都要加點甜味；三國時孟太守跟魏文帝曹丕報告時，說蜀地的豬、雞等都沒有什麼味道，所以做菜都要放飴糖或者蜂蜜……看來那時的四川人其實是愛吃甜食的。

不過只過了 100 年，到了西晉記述西南地方狀況的《華陽國志》裡，就說蜀人「尚滋味，好辛香」了。這個時候，四川人的口味發生了一些變化。

而在辣椒還沒有光臨中國之時，古人吃辣的手段其實並不少，薑、蒜、花椒、生蔥、韭菜等都各顯神通。再後來，著名作家張恨水有言：「人但知蜀人嗜辣，而不知蜀人亦嗜甜。」

到此，我們是不是可以這樣判斷：其實成都人愛吃甜和愛吃辣的習慣皆自古有之？

記得我身邊有一位道地的「老成都」朋友，他曾對我說過：

「現在成都的 70 後（按：指在 1970 年 1 月 1 日到 1979 年 12 月 31 日之間出生的人）、80 後，小時候吃九大碗（酒席）一般都會有這樣的感受：最期待的一道菜就是最後上來的甜燒白（也有稱『夾沙肉』），而最幸運的是剛好放在你面前……尤其是吃肉下面的糯米時，每一粒糯米裡都吸滿了紅糖的糖分和豬肉的油脂，那味道簡直人間美味。」

我曾經吃過一次師父做的回鍋甜燒白，入口的感覺也的確是這樣，所有食材都把自己最精華的味道貢獻出來，從而成就了糯米甜軟糯腴的口感。但後來，我又吃過幾次其他人做的回鍋甜燒白，感覺就完全不一樣了。菜端上來的時候已經看不到糯米，全回鍋成了「一團粥」。

師父說，那是因為甜燒白蒸得過久，所以才會回鍋時稀得成了「一團粥」。在師父的標準裡，正宗的回鍋甜燒白端出來時，是要看得出糯米的顆粒，吃的時候還要吃得出洗沙（豆沙）的香味。糯米飯一定要很鬆散，才適合拿來回鍋。師父對此一直有著嚴格的要求。

「師父，為什麼會有食客認為，回鍋甜燒白是三合泥（按：四川傳統風味小吃，其主要原料包括三種：糯米、黑豆、芝麻，而成品為泥狀，由此得名）呢？」

「你說的這個，一是蒸得過久，二是洗沙不是自己做的，而是買的。糯米太稀，再加上買的洗沙裡面有麵粉，回鍋炒時當然就成三合泥了。一個廚師要做好菜，一定要有標準，做菜的過程，很多廚師都知道，但要達到標準，是需要不斷的操作、練習、思考、總結的。就像我們今天說的**回鍋甜燒白**一樣，為什麼別人會說你做的是三合泥，不就是你這道菜沒有達標嘛！」在師父心中，**對於這道菜的評判標準是：成菜後色澤透亮，糯米滋潤、香甜、軟糯。**

邪惡肥肉甜菜──甜燒白

在說回鍋甜燒白之前，我們還是先來說說甜燒白吧，因為回鍋甜燒白正是在甜燒白的基礎上演變而來的。

甜燒白唯獨四川才有，但每個地方作法稍有差異，在過去的田席（按：指四川民間筵席，又稱三蒸九扣席、九斗碗，始於清代中葉，因常設在田間院壩，故稱田席）裡，是必上之菜，它並不是高檔宴席的必上菜，過去稍微有點規模的飯店都賣這道菜。

「這田席裡面有四道皮，俗稱『四姨媽』，指的是蒸肘子、粉蒸肉、甜燒白、鹹燒白。」如果要胡廉泉把川菜的典故說完，那恐怕要講三天三夜。

而這甜燒白不僅老人、小孩喜歡，就連不少文人墨客也喜歡得很。有一次，文學大師、美食家李劼人請沙汀（四川作家，代表作品《還鄉記》、《淘金記》）吃飯，在成都人民南路的芙蓉餐廳訂了一桌，菜單裡最後一道熱菜就是甜燒白。

汪曾祺的《五味》裡也寫過夾沙肉，說：「四川才有夾沙肉，乃以肥多瘦少的帶皮臀尖肉整塊煮至六、七成熟，撈出，稍涼後，切成厚 2、3 公分的大片，兩片之間皮肉不切通，中夾洗沙（因豆沙是暗紅色，席宴中頗帶喜氣，故又稱為喜沙），上籠蒸。這道菜是放糖的，很甜。肥肉已經脫了油（豆沙最能吸油），吃起來不膩。但也不能多吃，我只能來兩片。」

我記得師父曾經說過，以前榮樂園席桌上的甜燒白，基本上是一人兩片，不能多，因為吃多了還是會膩。在他老人家記憶中比較深刻的是，有老倆口經常排隊來榮樂園買甜燒白，點一份，只吃一半，剩下的就帶回去。在那時，一份甜燒白要收半斤糧票（按：1950 至 1980 年代中國在特定經濟時期發放的一種購糧憑證），相當於一角錢一片，老倆口捨不得一次吃完。

　　關於燒白，一直有很多爭議。有人說它是扣肉或扣碗，也有人說不是；有人說燒白是廣東的梅菜扣肉，也有人說只有川渝才有。我個人認為，扣肉、扣碗不一定是燒白，但燒白卻是扣碗中的一種，因為它最後有扣的動作。比如，萬字扣肉，是清宮御膳房為慈禧太后做壽時必用的菜餚，最後也是扣入盤中，肉片朝上，但它不是燒白。

　　「**甜燒白一定要選正寶肋肉**（按：即帶皮的大里肌，又被稱為寶肋肉），**而鹹燒白才是選用五花肉。**」針對現在市面上甜燒白大都是選用五花肉的狀況，師父又坐不住了。

　　做甜燒白的第一步是，選一塊正寶肋肉，先把肉洗淨，鍋裡入水加蔥薑去腥味，肉入鍋煮 20 分鐘（八成熟），以筷子插進去不流血水為佳，因為過分熟了肉中間不好夾沙。

　　在煮肉的同時炒糖色。鍋裡加入少量的油，小火放入白糖，

當感覺有點拔絲狀時，待大泡泡已散去，只有小泡泡時加一點點水，熬製成棕紅色。這時鍋裡的溫度已經不是100度了，趁肉還熱的時候馬上抹糖色。因為肉一冷毛孔收緊，水分迅速流失，肉表面只有油的話是上不了色的。另外，川菜中的紅燒肉也離不開糖色。過去的川菜廚師一般不以醬油上色，都是自己用白糖炒糖色。據我所知，師父就是一直堅持自己炒糖色的，他對徒弟們也是這樣要求的。

在等待肉涼下來的過程中，我們可以開始準備洗沙。四川人都選用紅豆來製作這洗沙，把紅豆用開水燙一下，稍微一煮皮就掉了。過去師父在榮樂園，一般都要自己弄洗沙，不像現在有專門的紅豆沙賣。買現成的是方便，但買來的大都不是百分之百的紅豆沙，都加了麵粉。

接下來，把去皮的紅豆磨成粉，上鍋蒸熟後，鍋裡放油開始炒豆沙。一般是先炒一會兒之後再加白糖，然後再接著炒，在不斷的翻炒中，直到白糖與豆沙融合在一起。這裡需要注意的是，一定要將紅豆炒翻沙，這樣吃起來才會有紅豆的香味和化渣的口感。

肉晾好之後，切成 4 公分寬、8 公分長的塊（要根據定碗的規格，進行調整）。接下來的這一步很關鍵，把肉切成「兩刀一斷」的火夾片，也就是說第一刀切到肉皮就不再切了，第二刀才切斷。這裡可以不必秀刀工，稍微切厚一點，太薄的話中間夾了豆沙再蒸容易爛。

這個時候，便可以開始夾豆沙了。逐片夾好之後，定碗。先擺「一封書」狀，再在旁邊各擺一片。「這甜燒白也算是『筵席菜』，廚師一般會按人頭多擺兩片出來，給想多吃的留一點想頭（按：希望）。」胡廉泉精通川菜的各類門道，什麼都能從他口中說出個所以然來。

甜燒白中的糯米也是有講究的。先將糯米蒸熟，這裡既要

求糯米吃到充足的水分，但水也不能過多，為便於後面的回鍋工序，師父在做時一般會刻意少加些水。然後，加黃糖或紅糖將糯米拌勻。

「我看好多還放點豬油跟糯米和紅糖一起炒。」我問道。師父說：「蒸的時候寶肋肉肥肉中的油脂自然會浸潤到糯米中，這個時候加豬油炒糯米，完全是多此一舉了。」

糯米準備好之後加入碗中定碗，可以稍微多加一點，讓中間鼓起來，不然蒸的時候會塌，扣之後會不飽滿。如果是吃甜燒白，蒸一個半小時以上就可以吃了。如果要回鍋，就得蒸上三個小時。這樣肉的脂肪才能融化，直到筷子都夾不起來，肉皮也爛了，就可以拿來做回鍋甜燒白了。

回鍋時鍋裡加一點點油，肉一炒脂肪就全部化進糯米裡，那些瘦肉也變成纖維融進糯米。所以，每次吃回鍋甜燒白時，你是看不到肉的，因此這也是一道吃肉不見肉的菜。炒的時候，除了油和白糖便不再需要其他調味料了（如果回鍋時油脂有點多，還須瀝出一些油來）。

關於回鍋甜燒白的故事

關於回鍋甜燒白的來歷，師父說這道菜完全展現了川菜廚師不浪費的節儉精神。怎麼說呢？先來聽師父說說這裡面的故事：

這甜燒白本是過去宴席裡的最後一道甜菜，因為由生到熟須大火加熱一個多小時，十分費火，因此酒店通常會一次做很多份，上菜時再蒸半個小時，直到熱透即可上桌。但由於份數太多，有時甜燒白無法在一天之內全部賣光，到了第二天就要反覆加熱。這加熱時間一久便會導致其賣相走形、香味流失，肉塊也會軟爛得夾不起來。

　　那個時候的飯店，老闆通常不會讓廚師把這些沒賣完的菜自己吃了。怎麼辦呢？廚師們就開始想辦法。說來四川廚師真是聰明，居然想到把這甜燒白拿到鍋裡進行回鍋，而且，還跟食客說這是廚師開發出來的新菜。食客們一聽，立馬要求上一份。

　　別說，這已經炒翻沙，微微有點起鍋巴的回鍋甜燒白，吃起來還真是香，甚至可以說比甜燒白還要好吃，成菜絲毫不膩，吃肉不見肉。久而久之，就有食客特地來點這道菜。慢慢的，回鍋甜燒

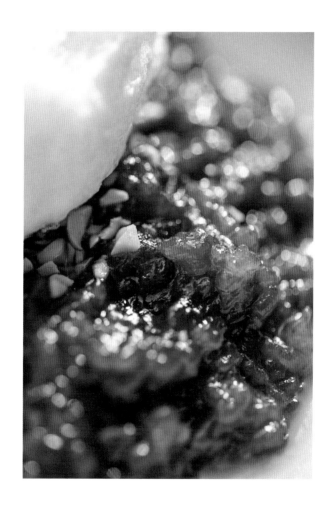

白便登上了菜單，成了飯店的招牌菜。廚師們為了不浪費一道菜而動腦筋，不僅讓甜燒白這道老菜在變化中不失原味，還煥發出新的生機。

不僅如此，後來聰明的四川廚師們本著節儉的精神，還把沒賣完的粉蒸肉，重新穿衣（穿衣又稱掛糊，就是在經刀工成形的原料表面裹上一層比碼芡更稠的糊芡，這裡是指裹蛋豆粉）再下鍋炸。這道炸過之後的粉蒸肉，便是作家蔡瀾十分喜愛的「脆皮粉蒸肉」了。2018 年 5 月 20 日，蔡瀾第一次到松雲澤享用美食，其中一個原因，就是希望能再次吃到讓他念念不忘的脆皮粉蒸肉。

大名鼎鼎的蔡瀾為什麼會如此喜愛脆皮粉蒸肉呢？原因很簡單，當這香脆與肥美結合在一起之後，吃起來是外酥內軟，比起粉蒸肉，更有一番風味。

川菜廚師們愛動腦筋是早已有之，而且還流行著這樣一句話：「不會收足貨的師傅不是好師傅。」這「足貨」是什麼意思？就是指做菜過程中那些尚可利用的食材。

我不知道，如今的川菜廚師們還會不會「收足貨」？我也不知道，如果蔡瀾看到關於脆皮粉蒸肉和回鍋甜燒白的故事，會不會又跑到「松雲澤」再去吃一回這兩道美味呢？

說到這裡，我又想起如今川菜創新之情狀。川菜創新雖是順應時代發展的需求，但不管你怎麼創新，川菜廚師首先要守住傳統，再談創新，不能亂來。就像這道回鍋甜燒白一樣，你不能因為要創新一道菜，而把甜燒白的本味丟掉。所謂「縱橫不出方圓，萬變不離其宗」，說的就是如此吧！

苕菜獅子頭
不一樣的獅子頭

　　1920、1930 年代，一位叫做張寶楨的人在成都開了一家江蘇菜館，揚州獅子頭從此徜徉在成都人的餐桌上。只是成都人的口味始終與揚州人不同，就在這菜裡加入了本地食材的元素「苕菜」（按：苕音同條），並在作法上進行相應改進，使之成為四川筵席菜中不可忽略的一道大菜。

　　為了讓我見識一下這菜的真面目，師父刻意安排了一個局。當服務生端著做好的菜從我身邊走過的時候，一股特有的清香飄然而至，讓人頓生食慾。

　　只見無比精緻的青花碗中，盛著幾個不太平整光滑的碩大丸子，鼓丁暴綻的，冒著淡淡熱氣；切得細細的苕菜，綠油油浮於表面，讓人不禁想起池塘裡清綠鮮嫩的浮萍，美麗至極。

　　師父說，判斷這道菜是否正宗並不太難，只要注意幾個細節即可。

　　首先，從形狀上來進行觀察。**一個正宗的獅子頭**，無論是四川的，還是揚州的，**其表面看上去都有些凹凸不平，且大都是扁圓扁圓的**；若是表面太過光滑，就沒有獅子頭的樣子。

　　其次，從所用的食材來說，獅子頭之所以表面不太光滑，是因為除了豬肉以外，裡面還加入了火腿、豌豆等輔料，幾種食材加在一起做出的丸子，很難保證表面食材結構一致。

　　再次，從口感來說，如果入口時感覺是豬肉，那也只能充其量叫做肉丸子，並不能稱之為獅子頭，全肉做出來的肉丸子，表面

就會特別光滑。

最後，這道菜之所以名曰「苔菜獅子頭」，那就必須要加入苔菜，而不能以豌豆尖（按：臺灣稱大豆苗）等來代替。

「以前鄉下的親戚們來城裡走親（按：親戚間的來往探望，有越走越親的意味）時，會給我們帶上一、兩包晒乾的苔菜，煮稀飯時加點苔菜和豬油進去，甘滑清香，特別好吃。而做成苔菜獅子頭以後，就更有一番風味在裡面。」師父對這種特別有故事的菜，總是情有獨鍾。可誰又不是呢！

苔菜，蘇東坡和陸游皆愛的野蔬

關於苔菜在四川地區最有趣味的說法，可以追溯到宋朝時期。蘇東坡曾經在他的〈元修菜〉一詩的題注中這樣描述道：

> 菜之美者，有吾鄉之巢。故人巢元修嗜之，余亦嗜之。元修云：使孔北海見，當復雲吾家菜耶？因謂之元修菜。余去鄉十有五年，思而不可得。元修適自蜀來，見余於黃，乃作是詩，使歸致其子，而種之東坡之下云。

文中不僅道出了蘇東坡與巢元修的深情友誼，也說明了元修菜名字的來歷。南宋詩人陸游對此菜也是情有獨鍾：

> 蜀蔬有兩巢：大巢，豌豆之不實者。小巢，生稻畦中，東坡所賦元修菜是也。吳中絕多，名漂搖草，一名野蠶豆，但人不知取食耳。予小舟過梅市得之，始以作羹，風味宛如在醴泉蟆頤時也。

他旅居蜀地時還曾寫下〈巢菜並序〉一詩：

> 冷落無人佐客庖，庾郎三九困齏嘲。此行忽似蟆津路，自候風爐煮小巢。

從陸詩中不難看出，當年陸游先生很喜歡吃這巢菜。那時候巢菜也叫元修菜，即今日四川之苕菜。

苕菜分為大巢和小巢兩種，為豆科草本植物，常生長在麥田裡或者山坡上，新鮮嫩芽或莖葉可以做蔬菜，清香細嫩；晒乾的可以用來熬粥熬湯，甘滑清香，深受四川人喜歡。這菜在中國多數地區均有分布，而四川以此入饌已上千年。我曾在麥田間見其嫩嫩的芽子和小豌豆一樣的果實，卻從未想過它可以入菜。到了收小麥時節，其果實成熟，在溫度與陽光的作用下，熟透的豆粒從殼子裡「啪」的一聲蹦躂而出，掉進草叢和泥縫，在來年時節又從地裡長出，生命力極為旺盛。

每年開春至清明節前，四川地區萬物復甦，苕菜開始生長，這是苕菜最嫩的時候，適合食用；過了這段時間，隨著氣溫的不斷升高，苕菜的纖維變得越來越粗，就不適合做菜了。因此，這菜的鮮葉因季節性較強，就不得不提前採摘和儲存。

儲存苕菜需要講究方法，在冰箱還沒有問世時，人們將其嫩尖採下，然後晒乾儲存，日後吃時，切細煮在湯裡或者加在稀飯裡，不僅味道鮮香，還具有清熱利溼、活血散瘀的功效。

隨著冷凍技術的發展，現在一般是將嫩葉收購回來後，在開水裡面焯一遍，然後用冰水迅速降溫，放入急凍室裡面儲存。如此一來，不僅可以讓苕菜保持它的鮮嫩，保證它的清香，還可產生固色的作用。

有人可能會問，既然都是急速冷凍，那是否可以直接將嫩尖

放入冰箱呢？

　　答案是否定的，因為只有高溫焯水後再用冰水降溫，才可以達到鎖色、鎖味的作用。當然，隨著人們需求的不斷提高，在食材上也更加注重新鮮，也有用冷鏈技術來運送的，冷藏後進行保存，也還算方便。

從揚州美食到四川名菜

　　揚州獅子頭出產於揚州，所用的材料也與揚州頗有關係，那四川地區出產的苔菜又怎麼和揚州的獅子頭結上緣分？

　　1920年代，一位江蘇人在成都開了一家餐館，取名「花近樓」，除了販售川菜，也有下江風味的菜，揚州獅子頭就屬其中之一。那時有個叫張榮興的廚師在這館子裡掌廚，就自然而然掌握了

這道菜的作法。

1920 年代末期，成都以葉樹仁、葉適之兄弟為首的近十人的所謂「酒團」，以喝黃酒為主，涉足各家餐館。後來，為喝酒方便，由葉氏弟兄集資，先在青年路九龍巷開長春館，後遷提督街，取名長春食堂。

花近樓的主廚張榮興後來就到了長春食堂任主廚，並將這揚州獅子頭的作法也帶了過去。然而他並沒有運用揚州獅子頭的全部作法，而是因物而用，將那稍顯油膩的揚州獅子頭改成苕菜獅子頭，並逐漸發展成為長春食堂的代表菜之一。

到目前為止，關於花近樓，我除了從師父口中聽到之外，暫時也沒有收集到任何其他資訊，有可能是那幾年，這江蘇人賺錢後就改行或者移居別處了吧。

師父說：「苕菜獅子頭最早用的是乾苕菜，獅子頭做好以後，就把乾苕菜和獅子頭一起熇熟，這是此菜最初的樣子。」苕菜獅子頭在川菜裡面屬於燒菜系列，最後需要把湯汁收濃以後，淋在獅子頭上，苕菜就圍繞在四周，其味型也以鹹鮮味為主。

苕菜獅子頭的肉質比例為肥肉、瘦肉各一半，另外再加金鉤蝦、火腿、青豌豆和馬蹄（按：荸薺）等，並切成石榴粒般大小，然後再拿蛋清豆粉來拌。

揚州獅子頭的作法則是七分肥肉、三分瘦肉，然後用乾豆粉和蟹肉一起拌勻，每份做成 12 個丸子，還要在丸子裡面加入蟹黃，然後將菜葉墊入鍋裡，丸子放於其上，再用菜葉將丸子蓋住慢慢煨熟，所以這道菜的全名也叫做「清燉蟹粉獅子頭」。

而川菜傳統的作法又與揚州的有所不同：川菜一份菜裡只做四個丸子，個子較大，並要到油鍋裡去跑一下，但又不能炸變色，只需要將油炸進皮後就撈出來，再用蔬菜葉子鋪著來熇。

遺憾的是，這道菜現在在成都各大餐廳已經很少見到了。

老菜新做——水汆代替油炸

元富師兄認為，苕菜更適合吃嫩一點的：「老的適合用來餵豬，剩下的就拿來肥田，實際上人們也是將這作物進行了最大限度的廢物利用，變廢為寶，而乾苕菜就剛好展現了這一優點。但是從味道上來說，油炸後的獅子頭，其實在某種程度上將苕菜的味道弱化了，這一點是可以調整的，如果將各自的味道都發揮到最佳，那就更好。」

因此，後來做這道菜時，元富師兄做了些改良。

首先在選料時，以五花肉為主，另外加入筍子、菌類、馬蹄等，增強整道菜的口感，營造軟中帶脆的感覺。料選好後，將肉切成石榴籽般大小，放在盆子裡面使勁攪拌，將肉質本身的黏性攪拌出來。待肉攪拌結束後，加入足夠的蔥薑水繼續攪拌，再加入切好的輔料。

「此處，薑蔥水一定要加夠，這肉屬於摔打肉，如果摔打不到位，水分就吃不夠，做出來的丸子就會互相不黏，放在開水裡一煮，就會沉下去。」松雲澤廚師長小蘇介紹道，「肉摔打結束以後，再在裡面加上蛋清和水豆粉繼續攪拌，最後用保鮮膜封上，放到冰箱裡面去收汗（收水的意思）。」

收汗以後拿出來將其搏（按：音同團，捏聚搓揉成團）成丸子，在鍋裡加入水和蔥、薑，燒開。另外，還需要再調製一些蛋清和豆粉，這不僅可以保持獅子頭的鮮味，還可以讓其口感更加滑嫩，有點像做防水，將肉裡面的水分鎖住，以保證水分的含量。

傳統的川菜獅子頭，是用白菜蓋著肉丸子熻，但是白菜在高溫的作用下一燙就「死」了，不能發揮很好的保溫保溼效果，後來師兄就將白菜改為了蓮白。蓮白不僅形狀好，有骨力，且能夠保持到較高溫度。

　　此處的作法又與揚州獅子頭有些不同，後者需要用菜葉子墊底，再放肉丸子，而元富師兄在做這一步的時候，只是把蓮白蓋在獅子頭上，然後再慢慢熇。在熇的過程中，要加入雞湯，慢慢將湯汁收濃。

　　苕菜採摘時很鮮嫩，所以在下鍋時也需要掌握好時間和節奏。一般情況下，每桌客人點菜的時間不一樣，這獅子頭的製作過程也需要一定時間，因此，廚房常會提前將獅子頭煨熟了煲在那裡，等要開始上菜時，才將切細的苕菜加入雞湯，淋在獅子頭上，上桌。

　　元富師兄說：「以前傳統的作法使用乾苕菜，現在保鮮技術進步以後，我們就用鮮苕菜，這樣可以將苕菜的清香味發揮到最佳狀態。苕菜是個很好的食材，它的香味遠遠超過豌豆尖。苕菜屬於清香味型，豌豆尖屬於生香味型，吃起來有著不同的味道。同時，我們在獅子頭的製作上也進行了改進，傳統的獅子頭需要下油鍋跑一下，而我們為了將獅子頭的鮮味更好的發揮出來，將油炸改成水汆，這樣也更加符合現代人的健康飲食理念。」

　　隨著時代發展，苕菜獅子頭從食材使用到製作工藝，都有了不同程度的改進，新鮮的苕菜代替了晒製的、蓮白代替了大白菜、水汆代替了油炸，這種種細節的變化，都在讓苕菜獅子頭變得越來越美味且營養。

5
PART

食材與技藝的
絕妙碰撞

竹蓀肝膏湯
幾近失傳的川湯精品

　　提到川菜，可能在絕大多數的人眼中就是重油重鹽，甚至包括很多四川人在內，也認為川菜只有麻辣的滋味。唯有真正的行家才知道，「一菜一格，百菜百味」才是川菜的精髓。

　　身為中國烹飪的主要地方菜之一，川菜不僅在口味上享有「百菜百味」之稱，而且在各方菜系均有的湯菜製作上，也是顯示出了獨特的風味與風格，有些湯菜如雞豆花，以及我前文提到過的開水白菜等更是川菜所獨有，這裡介紹的「肝膏湯」也是一道頗具特色的清湯菜。

吃不出食材的竹蓀肝膏湯

　　有一次帶朋友去元富師兄的「松雲澤」吃竹蓀肝膏湯時，元富師兄突然在這道菜上賣起了關子，硬要讓我們猜一猜是用什麼肝做的。肝膏帶個「膏」字，名副其實的較豆腐更滑更嫩，而且有肝香無肝腥，一桌子的人吃了，除了我之外，沒有一個能夠猜出正確答案。因為，他們壓根兒就沒有把它跟豬肝聯想到一起。

　　跟著師父這幾年，我算是長了不少見識，見過不少化腐朽為神奇的傳統川菜。師父常跟我說，每一道菜吃之前，要先知道這道菜用了些什麼食材，它為什麼要用這些食材，然後了解它的作法，最後才是這道菜的來由和故事。

　　那麼，這肝膏湯的選料又是怎樣的？師父告訴我：「這肝要

選黃色細沙豬肝（按：由於豬的品種不同，豬肝也被分為不同種類，黃沙肝被視為最頂級的豬肝，又稱作粉肝），量不多，有 4、5 兩就好。當初我在榮樂園跟著老師傅學時，他們還要加一副雞肝進去。」為什麼要加雞肝？「我覺得，加雞肝是為了增加它的香味。另外，還可能是為了降它的色度。因為雞肝相對豬肝來說顏色要淺一些，而且質地更細膩。」

那既然雞肝質細顏色又淺，為何不乾脆直接用雞肝來做這道菜呢？「為什麼一定要用豬肝？道理很簡單，豬肝含什麼最豐富？維生素 A。維生素 A 有明目的作用。」

胡廉泉說，以前他在榮樂園時，孔大爺（孔道生）曾跟他說過一個故事：這道菜最開始不叫肝膏湯，它叫肝汁湯。說是他們那個時候一戶有錢的人家，家中老太爺眼睛不好，找郎中來看，郎中說：「我有一民間偏方，就是每天把豬肝剁細，加點好湯把它蒸熟，吃一段時間，眼睛就好了。」後來家廚又在此基礎上加了蛋清，它就成了膏。過去，這「膏」有兩種寫法，一是蛋糕的「糕」，一是牙膏的「膏」。後者給人感覺很嫩，前者則顯得稍微硬一點。

準備好黃沙豬肝和雞肝之後，把黃沙豬肝和雞肝去筋、切片，拿刀背剁，剁茸之後盛入湯碗，加入清湯調勻，用紗布濾去肝渣，留用肝汁。很多食客覺得肝中無渣不可思議，其實是他們不明白，這就是川菜早已有的分子料理手法。

將蔥段和拍鬆的薑放入肝汁中，浸泡五分鐘後取出，用紗布濾去渣子，去其腥味，再加雞蛋清、精鹽、胡椒粉、料理米酒調勻，倒入抹好豬油的碗中（抹豬油是為了避免取肝膏時黏住碗），上蒸籠猛火蒸 8 至 10 分鐘，使肝汁凝結成肝膏。用細竹籤輕輕將肝膏沿碗邊劃一圈，將肝膏「梭」入碗內，再注入掃過的清湯。

從前是把所有的肝汁一大碗蒸之，做成一個大肝膏，上桌分食。如今，元富師兄將其改良為每人一份，盛放於小盅，既美觀精緻又方便食用。

蒸肝的訣竅，是要將蒸籠蓋留一點縫隙，不然蒸的時候水氣滴下，表面就坑坑窪窪了。過去上籠蒸，老師傅習慣在碗上蓋一張皮紙，用以擋水。現在是用保鮮膜，改用蒸箱蒸。盛放器皿也改進了，現在是用凹一點兒的盤子蒸；過去是拿碗蒸，但碗的厚度確實大了些，把握不好就容易蒸不透。

同時，在另一鍋內下大量清湯燒沸，放入竹蓀調好味，分別在湯碗內舀入竹蓀和高級清湯，然後把蒸好的肝膏放入湯碗內，上菜。這道菜蒸之前，清湯和蛋清的比例很重要，蒸的時間也需好好拿捏，稍微掌握不好，就會浪費食材。

肝膏蒸好之後，脫模環節也十分考驗手藝。最後入湯時，湯的多少也關係著肝膏能否浮於湯面……諸多環節，任何一環出了差錯，都會前功盡棄。所以，為什麼會說這是一道只流傳在川菜老師傅手中的功夫菜？因為只有經驗豐富、能夠熟練掌握好各個環節的老師傅，才能成功做出一道竹蓀肝膏湯來。

「在肝膏的基礎上，廚師可以在菜式上變花樣。比如，加竹蓀就叫竹蓀肝膏湯，加銀耳就叫銀耳肝膏湯，加鴿蛋則成為鴿蛋肝膏湯。」師父說，那次蔡瀾到松雲澤吃竹蓀肝膏湯時，他老人家因為擔心後廚師傅操作不好，還親自到現場指揮。

吃肝護眼、改善夜盲症

現在，我們來說說豬肝。在重口味俱樂部裡，肥腸黨、腦花（按：豬腦）派都是大牌，肝臟愛好者卻不動聲色默默自成一派。其實，肝是動物體內合成膽固醇的地方，愛肝的人才算是深諳內臟食用學的奧義。

前兩年到武勝縣出差時，在縣政府附近有一家「武勝豬肝麵」，因為好奇豬肝居然撐起了場面，便前去品嘗了一番。別說，這豬肝麵味道還不賴，豬肝極嫩，且基本上吃不出腥味。吃完麵，我問老闆：「武勝豬肝麵是你們家鄉的特色？」閒聊之中，老闆說這武勝豬肝麵可是武勝縣飛龍鎮段氏的祖傳祕方，在當地十分火熱，現已作為武勝特色小吃在外推廣了。不知什麼時候開始，我不知不覺的養成吃的時候要一問到底的習慣。

大多數人第一次的吃肝體驗都緣於豬肝，因為豬肝門檻不高，每家每戶餐桌上都可以有這麼一道，也都做出了各自的風格。像北方人就喜歡勾芡，東北的溜肝尖、老北京的炒肝，都是飽肚的硬菜，一口下去，兩、三塊嫩肝伴著濃郁的芡汁，很實在；

長江流域水氣重，什麼食材都喜歡拿來爆炒一番，湘西人有上匪豬肝，大塊豬肝加本地紅辣椒和大蒜快手炒製，香辣、厚實，夠野；四川則獨愛肝腰合炒，豬肝切片，豬腰切花，大火炒至六分熟，加木耳和大蔥段，猛火一烹，肝片嫩、腰花脆，能吃下兩大碗白米飯。

到了喜食湯湯水水的南國，豬肝更逃脫不了做湯的宿命，家常版本是配菠菜做豬肝湯；臺灣的麻油豬肝湯，與麻油雞類似，是真正的「媽媽味道」，豬肝因為有了薑片和米酒的加持，葷腥味消失得全無蹤影，即便吃得再飽，也會被誘惑得再硬喝下兩碗。

酒能去肝腥，基本上是通識。而這道竹蓀肝膏湯，也是國畫大師張大千的最愛。張家大廚在老饕大千調教下，將這道肝膏湯做得出神入化，一度引來大千的恩師曾熙登門拜訪，點名要吃一吃。可以肯定的是，肝膏湯的確是從達官貴人家裡流傳出來的，是食不厭精的代表之作，哪怕顆牙全無，亦能照食不誤。

師父說，他們考廚師時也考了這道菜。有一次培訓班還特別請防疫站的醫生來講課，醫生講了夜盲症。提到：「有夜盲症你不去吃藥，就炒幾次豬肝來吃，你的病就好了。因為豬肝的維生素 A 含量很高。」

從營養價值的角度來說，豬肝是川菜比較典型的家常菜食材，許多家庭都愛以此補充維生素 A，所謂的食療之法便是如此。豬肝本是很普通的食材，並不名貴，但老一輩的川菜師傅卻把它做成了一道富貴菜，這多少讓食客對這道菜產生了很多的想像，因為肝膏要浮起來，從某種意義上來講，它也是一種化腐朽為神奇。

一個味道一個故事

扒完豬肝的那些事，我們順便來扒一扒肝膏的故事。相傳

「肝膏」名字的背後藏著一段有趣的故事：大約 300、400 年前，四川西南部有一個富商，喜好口舌之欲，府上常年招廚子。但他的年紀很大，身體虛弱，難以承受一般的肉食和油鹽醬味重的食物，於是要求聘請的廚師能夠烹製味道奇美、易於吞嚥的食物。由於他的要求很高，廚師們來了又走，沒什麼人能留下。

這天新來一位廚師，想著隨意賭一把，不行就走人。他把豬肝和雞肝剁碎了混合在一起，加入香料調味，加水攪拌，濾渣後用蒸籠蒸熟。

富商吃後非常滿意，問這道菜叫什麼名字，廚師胡編了個名字：肝清湯。富商要求廚師每天都做這道菜，有一回廚師沒注意，旁邊打下手（按：幫忙）的小弟把做其他菜剩下的蛋清加進去一起蒸，待他揭開蒸籠一看，肝已凝固成了膏狀。時間不容許重新做一遍，於是他就加入了一些新鮮竹蓀。

富商看到了大為新奇，一嘗之下味道很不錯，比肝清湯更加鮮美，問廚子這是為何？廚師早想好了對策，就說怕老爺每天吃同一道菜吃膩了，所以做了一道葷素合體的肝膏，請老爺嘗鮮。富商交際很廣，經由他的誇讚，這道菜聲名遠揚，後經名廚的略微改造後，成為四川的名菜，流傳百年。

而這肝膏湯中的「湯」，在川菜中發揮了不可小視的基礎作用，很多川菜中的傳統名菜，成菜都需要用頂級的湯汁來輔助。正因為如此，川菜廚師凡成大器者，手中一般都會有兩、三道湯菜絕活。其中，羅國榮大師就有一道肝膏湯被稱為絕品（張大千應該就是在「頤之時」吃到羅國榮大師做的肝膏湯之後，回去叫他的家廚不斷操練才烹製成功的），這道湯在「頤之時」曾被作為頭菜推出，很有名氣。直到 1949 年後，中國駐緬甸大使李一氓在舉行宴會時，就曾要求使館的廚師——羅國榮的徒弟白茂洲把「肝膏湯」作為筵席頭菜。

　　胡廉泉說，1983 年《中國烹飪》雜誌曾經發表了一篇「老報人」費彝民先生寫的文章，文章裡說：「川菜裡有一道很有名的菜叫肝膏湯，現在可能吃不到了。」所以，在這年的 11 月，「全國烹飪名師表演鑑定會」在北京舉行時，成都的師傅就將肝膏湯作為表演項目帶到北京，得到了與會嘉賓的極高評價。

　　後來，北京四川飯店的川菜大師劉少安製作的一道「清湯肝膏」，上了一位法國副總統舉辦的宴會。這位副總統在品嘗了細膩如膏的肝膏，和澄清如水的清湯後，接連稱讚：「太好了，太不可思議了。」隨即送上一瓶紅酒以示謝意。

　　蔡瀾先生在松雲澤吃過竹蓀肝膏湯之後，也給予了很高的評價：「這道張大千最愛吃的川菜，是要用放過血的豬肝來捶茸，再以紗布濾盡纖維，最後用蛋清蒸之。蛋清的量、蒸的時間，都影響味道和口感，蒸肝要看是否成形，以是否能浮湯面為準，已沒多少人會做了。」我聽元富師兄說，當日蔡瀾吃的竹蓀肝膏湯，用的是竹蓀的升級版本──香蓀。而這香蓀比竹蓀還要好，它的產量更低，更珍貴。

　　竹蓀肝膏湯雖然味道極好，但其取材精細，製作過程繁雜，十分考究手藝。在生活節奏極快的當下，年輕廚師幾乎沒有精力和時間來學習這道菜的作法，而在大多數食客看來，有這個時間不如去吃一頓火鍋……久而久之，這道經典川菜幾近失傳，只有寥寥幾個川菜名廚還保留有手藝。竹蓀肝膏湯，就這樣成了一道只流傳在川菜老師傅手中的功夫菜。或許唯有熱愛美食、對美食頗有研究心得的人，才會特地跑到城內幾家著名的私家菜館，請老師傅做一做這道菜了！

菠餃魚肚卷
菜點合一的代表菜

　　師父常常說，以前學藝時，老師傅一般不會詳盡的告訴你一道菜的烹飪方法，你就只能站在旁邊看，並牢記師傅做菜過程中的簡短幾句話，事後再慢慢琢磨。其中的奧妙，需要學徒自己慢慢領悟，並透過不斷的實際操作，從失敗中總結經驗，方能從中悟出個所以然來。

　　正如本書這些傳統川菜的故事、製作方法及品鑑之法一樣，我可以盡自己所能將之整理為文字或圖片，讓讀者明白一道經典傳統川菜的形成並非偶然，是一輩輩匠人經過無數次努力才創造出來的。而自從跟著師父學吃川菜以來，我也試著自己去做幾道喜歡的經典小菜。另外，不管是創新菜還是從朋友口中得知的新奇美味，我都盡量讓自己多吃、多看，並從中總結出一些心得來。

小吃與筵席大菜的完美結合

　　那麼，我們這一次要說的，是一道很傳統的菜點合一的代表菜：菠餃魚肚卷。

　　這魚肚即魚鰾的乾製品，又名魚膠、花膠。魚肚與燕窩、魚翅齊名，是「八珍」之一，有「海洋人參」之譽，是十分珍貴的食材。胡廉泉說：「這魚肚的主要成分為膠原蛋白，並含多種維生素及鈣、鋅、鐵、硒等微量元素。而用魚肚作為第一道大菜的筵席，在以前也稱為魚肚席。」

　　一道成功的波餃魚肚卷，最關鍵還是在於「放魚肚」的製作環節。在後面的「蹄燕」一菜裡，我會詳細講講「放蹄筋」之法，兩者在發製過程中的方法大致上是一樣，有一點區別的是：當魚肚用冷油泡發，隨著溫度的升高慢慢變軟之後，我們要先將其撈出，拿到砧板上把魚肚用刀片薄一點，然後再繼續發製。

　　因為魚肚這一食材較蹄筋更厚，如果不在其柔軟之後片薄，將很難發透，從而達不到完全膨化（按：將含有澱粉與水分的食材加熱或加壓，讓食材間的水蒸氣撐開食物整體組織，使食品組織結構及體積改變，呈現多孔、蓬鬆的口感）的狀態。

　　經過油發的魚肚，此時已呈蜂眼狀，將魚肚撈出之後，還需將其水發一段時間。這裡需注意的是，**一定要拿蓋子將泡水的魚肚壓住，不然魚肚會漂浮於水面，達不到泡軟的效果。**

　　「一份波餃魚肚卷需要幾張魚肚？」我問。「幾張？如果是大的，一張都不到，魚肚膨化之後的氣泡要比蹄筋大得多。一般來說，魚肚越好，其出材率（按：指原始坯料在被加工成成品後的量與原始坯料量之比）越高。」師父說。光冷水去油還不夠，泡冷水之後，撈出來還須再加乾麵粉把油裹走，裹完還要拿水沖洗幾次，直到魚肚變得又白又膨又柔軟，就可以用來做菜了。

　　此時的魚肚還是太厚，還需將其片成片，片的時候注意不能太薄。師父說：「按照老傳統作法，現在可以開始準備魚肚卷裡的餡了。」這魚肚卷的餡，一定要選肥瘦肉，然後將肉剁細，加冬筍粒、煮過的青豌豆切細粒，火腿切成末……紅、黃、綠，顏色十分好看。

　　然後再加蛋清、豆粉拌成餡。緊接著把魚肚鋪開，抹蛋豆粉，入餡，捲起，蛋清封口，然後上蒸籠，蒸7、8分鐘。取出切成段狀，大約 4 公分寬，5、6 公分長。然後定碗，形狀可擺風車形或萬字形。定好碗之後加入奶湯，上籠餾著（保溫）。

接下來準備去筋的白菜心（只要中間的心），用開水焯過之後，取奶湯煨一下，讓它吸收湯的鮮味。菠菜餃子的作法就相對簡單，用的還是剛才魚肚卷的餡，只需要在麵粉中加入菠菜汁和成麵團，擀製成皮，將餡放入麵皮包成餃子。至於是要包成月牙狀，還是其他什麼形狀，這個可以按照廚師的想法和創意來，並沒有強性要求。

裝盤時將白菜心放於盤中央，取出溜好的魚肚卷，翻扣在菜心上，再用煮好的菠餃圍上。鍋中放豬油，下薑蔥段爆一下，加入奶湯、鹽、胡椒水，燒開後去掉薑蔥不用，勾二流芡。起鍋時加點雞油，淋於菜上。於是，一道菠餃魚肚卷便算是製作成功了。

中間是綠色的菠餃，外面一圈是白色的魚肚卷，再加上黃色的雞油，視覺效果十分不錯。為什麼這些川菜大菜都是鹹鮮味？師父說：「要知道，川菜筵席的頭菜，一般都採用珍貴食材，而這些珍貴食材不可能用味重且厚的味型（比如魚香味、家常味）去掩蓋它的鮮味。過去吃筵席，一聽到燕菜席、海參席、魚肚席這些名字，食客就知道今天筵席的規格不低了。」

沒聽師父跟我講這些製作流程之前，我還以為這道菜是用淡水魚食材。聽師父一說才知道是海魚的魚肚，又讓我長了見識。

「我就比較喜歡吃菠餃魚肚，菠餃魚肚是不用裹餡的，魚肚可以稍微片厚一點，直接吃魚肚片，那種滋味才『趕口』（四川方言過癮的意思）。」胡廉泉吃魚肚有著自己的喜好。

這道菜在菠餃和魚肚不變的基礎上，也可以有各種的變換。如果覺得圍成一圈擺魚肚卷不好看，還可以把魚肚做成片，一半有餡一半沒有餡；或者，把胡蘿蔔、絲瓜皮、蛋皮切細絲入卷，兩頭都露出點裡面的菜來，配為紅黃綠三色；還可以包成「荷包魚肚」也十分好看……廚師可以自由創造發揮。

而這菠餃魚肚卷，也是過去廚師考級中，容易考到的菜式

之一，在那個時候算是比較有技術成分的菜。其中的基本功和章法，都是需要廚師經過不斷操作方能夠熟練掌握的。師父說，1970、1980 年代考特級時就有這道菜。這是菜點合一的代表菜之一，很好看，也考基本功。要求廚師從和麵、取汁、擀餃子皮這些流程一步一步做起，加上對魚肚製作和奶湯烹製技藝的考驗，如果食材最後成功組合，便會產生一種韻律之美。

要做魚肚菜，離不開一鍋好奶湯

隨著現代食材種類的增多，烹飪技術的改變，製作這道菜看起來似乎沒有什麼太大的難度，但在 1970、1980 年代時則不可同日而語。僅這奶湯，就巧妙而關鍵。

過去是沒有雞精的，所以魚肚菜要求奶湯一定要好。

那麼這奶湯又是怎麼製作，怎麼才能白起來的呢？過去常說的「無雞不鮮、無鴨不香、無肚不白、無肘不稠」，就是用來描述奶湯的標準。所以，要想製作一鍋上好的奶湯，雞、鴨、肘、肚，四種食材缺一不可。

四種主要食材準備好（雞鴨都是整隻）之後，洗淨，放水裡煮去血水，再入鍋重新加水，大火燒開，加入蔥薑去異味。**奶湯與清湯（清湯是燒開之後轉小火慢燉）的製法不同，在於燒開之後繼續用大火。奶湯水量一定要一次加足，中途不另加水。**大火燉上好幾個小時之後，湯汁變得白如奶且濃稠。這時把雞、鴨、肘、肚撈出（因為雞鴨肘肚還可用作其他菜餚），過濾掉雜質，一鍋鮮香味濃、色白如奶的奶湯便製作好了。

師父說，以前的老師傅不僅要會做湯，還要惜湯。在榮樂園時，廚師面前都要有一壺湯的。那時的廚師是羞於用味精的，不然會被人叫「味精廚師」。如果被食客發現你用了味精，就會被人說：「這個廚師廚藝不行才用味精！」這時廚師會羞得恨不得地上裂個縫鑽進去。

盤一盤，菜點合一的菜餚

菠餃魚肚卷是一道「菜點合一」的菜。所謂「菜點合一」，胡廉泉解釋道：「菜餚和麵點結合的思路，是川菜乃至中國菜餚

創新的一種獨特風格。」麵點和菜餚除了相互借鑑、取長補短之外，有時還透過多種方式結合在一起。且多構思獨特，製作巧妙，成菜時菜點交融，食用時一舉兩得，既嘗了菜，又吃了點心；既有菜之味，又有點之香。

胡廉泉講了一道比較有歷史的菜點合一菜——百鳥朝鳳（燉好的全雞與煮好的鳥形豬肉餡水餃）：清朝乾隆皇帝給太后慶賀60 大壽，宮女們抬來了裝有 100 隻鳥的籠子，每個籠子中裝一

種鳥。一聲令下，宮女們一起打開所有的籠子，百鳥啼囀之聲久久迴盪。於是，御廚根據這熱鬧場面，精心製作了這道「百鳥朝鳳」，太后吃後連連稱好。從此這道菜便流傳至今。這道菜在清朝有詳細記載，而這個故事也說明，在那個時候烹飪菜餚裡就已經有「菜點合一」了。

師父也給我講了另外幾道菜點合一菜，其中之一便是菠餃銀肺。這是他老人家印象深刻並喜歡吃的一道菜，主料是菠菜餃與雪白的豬肺，這道菜現在有的餐館還在賣，是屬於受大眾喜歡的菜餚。另外還有抄手鴨子，是燒鴨子經油燙了以後去淨骨，宰成一字條擺盤，鑲油炸抄手上席，這道菜成都人非常喜歡吃。川菜中很有名的響鈴肉片也是菜點合一菜，當鮮美的熱湯澆在形似金色鈴鐺的抄手之上，發出滋滋的響聲時，座上的食客早已口水滴答。

「我記得還有菠餃玻璃肚，用的是豬肚，那肚片製作得透亮，看起來跟玻璃一樣，吃起來柔軟細嫩，十分美味。說到這裡，我突然想起來 90 年代那時，有一次朋友送我幾片魚肚，為此我特地拿到岷山飯店去找廚師幫我加工，那個時候對於珍貴食材的烹飪與食用，總感覺有一種神聖的東西在裡面，生怕一不小心就暴殄天物了。」王旭東想起他那時為吃一道美食的虔誠態度。

口袋豆腐

代代相傳

從川菜歷史發展來看，口袋豆腐這道菜已經找不到出處，由於做工極其複雜，如今鮮有廚師研究與製作。在我師父的從業生涯中，榮樂園不僅僅是他曾經工作的地方，更是他學習很多工藝菜餚的地方，口袋豆腐就是其中之一。

師父從後臺端出這道菜時，心情十分愉悅，大大的眼睛笑成了一對豌豆角，招呼大家過來吃豆腐。

如果不是提前告知，我很難想像這是一道用豆腐製成的菜，

因為它的形狀像極了一個麻布口袋。可是在我們平常生活中,用豆腐製成的菜並不算少,麻婆豆腐、家常豆腐、醬燒豆腐、魚香豆腐餃、涼拌豆腐、豆腐腦等,喜聞樂見。那師父做的這道口袋豆腐,除了外形,還有什麼獨特之處?

外觀像麻布袋口,內裡大有乾坤

師父拿著一雙筷子,小心翼翼的將碗裡的豆腐夾起,問我:「你應該沒見過這道菜,更不知如何來吃。」我表示不知所措。

「這道菜,之所以叫口袋豆腐,不僅僅是因為它的外觀像一個麻布口袋,最主要的是這口袋裡還有貨!」師父說,作為一名食客,判斷口袋豆腐是否正宗,第一步要從外觀入手,用筷子夾起來起碼得像個口袋,這個口袋的形狀不是四四方方的長條形,而是尾部像個裝了水的長方形袋子,頭輕腳重的墜下,裡面有漿。

在成都市面上,也有很少一部分餐廳會做這道菜,但多半都做得不夠標準,比如從外形上看,有的夾起來後不僅沒有墜感,整個表面就是一個正規的長方體,裡面也不會有漿汁,俗稱油炸豆腐。不過絕大多數食客從來沒有聽說,或者真正吃到過這道菜,所以就沒有一個評判標準。

正宗的口袋豆腐,是一道名副其實的湯菜。口袋做好以後,須加入精心熬製而成的奶湯,再加入準備好的蔬菜等一起烹製而成。在一些餐廳裡,他們做的所謂的口袋豆腐,形狀很相似,一頭圓,一頭尖,但最後成型卻是一道燴菜。

關於「湯菜」和「燴菜」這兩種作法,胡廉泉當年從事教學時曾編寫過資料。直至今日,這道菜在川西壩子(按:成都、樂山一帶)都非常出名。但是隨著時代變遷,像口袋豆腐這種十分講究工藝的菜餚,已經越來越少人做,許多食客自然也就不辨真偽。

同樣是廚師的張金良就曾跟師父說，他的女婿在青城後山承包了一個度假村，因為是自己女婿在經營，張師傅有時會過去看一下。有一天，女婿跟他說：「昨天有幾位客人來這裡吃飯，叫我做個口袋豆腐，我又做不出來，最後就想了個辦法，把豆腐掏空以後，將肉餡裝進去，炸了之後再蒸，然後端出去給他們吃。我看幾位客人也沒有評論這道菜，不知道他們是會吃還是不會吃。」

張師傅聽後，就說：「這個你都不曉得，我來教你，你就曉得什麼叫做口袋豆腐了。」話音未落，那幾位客人又來了，依舊點了口袋豆腐這道菜。於是張師傅就帶著女婿去後廚，一邊做一邊教女婿。

可是成菜端出去以後，又被客人喊著端了回來，說道：「昨天吃的那個豆腐才叫口袋豆腐嘛，你今天這個豆腐裡面什麼都沒有，就一包水還叫口袋豆腐，內容都不一樣了！重來重來！我們要吃昨天那個！」這件事情發生以後，張師傅才意識到，由於人們很難再吃到正宗的口袋豆腐，況且沒有什麼現成的資料供人參考，一些廚師或經營者隨便亂編，食客便被糊弄，不知真假。

當然，不同的地域也可能會有不同的作法。在重慶地區也有口袋豆腐一說，但是他們的作法跟我們現在四川的作法完全兩碼子事。他們的豆腐要在裡面加魚肉，然後擠成一頭圓一頭尖的樣子，再下油鍋炸成淺黃色，加奶湯入鍋，燒成一道燴菜，這是重慶的口袋豆腐。

在川菜裡，還有一道類似於口袋豆腐的菜——箱箱豆腐。這道菜歷史也十分古老。人們把它做得跟皮箱一樣，按照口袋豆腐的樣子，將豆腐塊炸過、中間掏空，把餡放進去後蓋住，再上蒸籠蒸，之後掛汁。這道菜之所以叫做箱箱豆腐，就是因為它的外觀很像箱子，上面還有飾件。只是這道菜平時餐桌上很少見到，常常用在展臺上。

口袋豆腐的選料，豆腐最為關鍵

　　四川豆腐的成型主要有兩種方式：一種是點石膏水，一種是點膽水。它們各具特色，也不分地域和季節，一年四季隨時可食。我師父他老人家最早在榮樂園學做這道菜時，沒有教材也沒有師父手把手教，都是在練習時不斷摸索總結經驗。

　　在剛開始學做的時候，師父並不知道什麼豆腐比較適合做這道菜。有時候油炸，會炸得太硬，最後成不了型；有時候豆腐裡面的氣孔很大，會漏水。

　　總之，每次做出來的成品都會有些問題，甚至頭一天做出來的，和今天做出來的不一樣。師父是一位非常較真的人，越是有問題，就越是要弄個明白。後來他發現，在選擇豆腐時，組織緊密、光滑的豆腐最適合，不容易爛，切豆腐條時，四稜四線的角落上也不容易有缺口，這樣一來，豆腐條就不容易斷掉。相比之下，石膏豆腐就比鹽滷豆腐更能勝任。

　　當然，師父也謙虛的說：「我個人接觸這麼久以後，覺得石膏豆腐會更加好一點，這不過是我個人總結的一些經驗。」

　　在豆腐的選擇上面，除了要選組織緊密的，還要專挑嫩一點的，因為嫩豆腐比較容易脫漿。

　　前面我也有說到，口袋豆腐是個湯菜。顧名思義，湯菜的湯，就顯得特別重要了。**口袋豆腐的湯，按照傳統的作法，一定要用奶湯**。奶湯是用雞、鴨、豬肚、豬肘加水，大火、加蓋熬製而成的，因其湯色「濃白如乳」而得名。

　　口袋豆腐的輔料，一般用菜心、火腿片、熟豬肚片、冬筍片等。師父說，口袋豆腐是一個考廚師技術的菜，需要具有一定的功夫才能勝任，若按成本來講，這道菜最貴的並不是豆腐，而是湯。豆腐在四川地區的菜市場特別常見，市場裡面常常 2、3 元就

可以買到一塊，但是湯的材料就不一樣了。可以說，這道菜的精華
不是豆腐，而是那一碗配料多樣、營養豐富的湯。

　　口袋豆腐這道菜，成品看上去是一個袋子的形狀，但在製作
時，它並不是用袋子套成的，而是用豆腐塊打成豆腐條後，再經過
其他工序一步一步最終成型。師父覺得，將豆腐切成大拇指這麼粗
的長條最為合適，這點也是他在榮樂園時，經過不斷操練總結出來
的，一塊豆腐大概可以切十多個豆腐條，不大不小，剛剛好。

　　豆腐切好以後，就要下鍋去炸，其表面會慢慢起一層淡黃色的皮，待到表面顏色呈現棕黃色時，方可起鍋，然後將炸好的豆腐放入加有食用鹼的開水裡去泡，並要拿一個碗將它蓋住，把豆腐燜在裡面，十多分鐘後方可揭開。可能大家都很好奇，這豆腐條裡的豆腐是如何成漿的，答案也就在這個步驟裡。

　　「將碗揭開，用手捏一捏豆腐條，感覺一下裡面的狀態，如果捏到中間時還有一塊硬的，那就可以再用碗蓋住燜一小段時間；再次開碗時，裡面基本上就已經全部成漿了，縱使有很少的一點點硬塊，也沒有太大的關係，只要用手稍微一捏就行了。」師父用筷子夾起一塊豆腐讓我仔細觀察。

　　師父還特別指出，食用鹼的濃度和所泡的時間長短，需要經過多次實驗之後才能熟練掌握。化漿的過程可能總會不太到位，或者一不小心就化過了，有時可能是鹼性沒有到位，就會形成典型的油炸豆腐；有時也可能是溫度沒有到位，這都需要根據具體的問題進行相應的調整。對於沒有經驗或者經驗不足的廚師來說，這個過程可能需要試很多次。

　　「這些漿被包裹在炸成了口袋的袋子裡，原來的條狀豆腐就變成了袋狀豆腐。一提，它就墜起；一墜，它下面就成了一個圓，特別像布袋和尚的那個袋子。」師父繪聲繪色的講解讓我聽得入迷，「口袋豆腐一旦成型，就要趕快將碗裡的水放掉，因為泡久了以後，在鹼性的作用下口袋容易爛掉，這個步驟也跟燜的時間和放鹼、去鹼的時間有至關重要的關係。

　　「放水以後，需要立馬換上新的不加鹼的開水去鹼，並將提前準備好的奶湯加入，和口袋豆腐一起泡煮，切記不要早早的就將口袋豆腐做好，而是要與下湯的時間完全吻合，這樣才能保證這道菜上桌以後，食客能夠用筷子夾得起來。」

心急吃不了熱豆腐

口袋豆腐的作法作為川菜裡的一種優秀技藝，是件很值得驕傲的事情。這一點我深有體會。因為在其他一些菜系裡，很多都過分注重食材是否高檔、名貴，而川菜則在技藝上下了很多的功夫。就拿口袋豆腐來說，它的成本價值並不高，但是這烹製的技藝只有川菜師傅才會做。

師父在他十多歲做學徒時就知道口袋豆腐，但真正學做這道菜餚，還是在紅旗餐廳（即後來的榮樂園）讀七二一工人大學時。榮樂園一直都有個傳統，就是要培養專業廚師，所以學員都想把事情做到最好。大家一起討論如何做菜，一天到晚心裡想的也都是菜。然而，那個時候的榮樂園，沒有錢發薪水，廚師們就連第一個月的 6 元獎金也沒有拿到。在這樣的境況下，一些人懷著無比嚮往的心情進入榮樂園後，卻又都想著離開。

當時師父和另一位叫李德福的年齡最大，也最珍惜學習的機會：「為了聽大爺們的課，就要學會為他們服務。如果是抽菸的大爺，我和德福就會想辦法從貴陽幫大爺買點菸帶回來；如果是喜歡喝茶的大爺，我也會主動買碗茶。那個年代，菸只能幫著帶，因為太貴，家裡又有幾個小孩，實在是送不起，盡這個心幫大爺做點事就已經不錯；但如果是茶錢，倒還可以承擔。那時候孔大爺（孔道生）與張大爺（張松雲）時常在茶鋪子裡喝茶，聊一些做菜的話題，我和德福就在那裡跟著學技術，回去後還要慢慢的琢磨，嘗試著做。」

師父和德福師傅一起做口袋豆腐，兩個人都失敗過很多次，有時候兩箱豆腐做出來，也沒幾塊能夠拈得起來。但是他們善於在失敗中總結教訓，堅持不懈的嘗試，找機會觀察別人的操作過程，最後，終於學會做這道菜。

　　師父說：「口袋豆腐並不是一道民間菜，而是一道筵席菜。雖然它的歷史已經沒有辦法考證，但不得不承認，發明這道菜的廚師特別有智慧。」有可能剛開始時，這道菜並不是如現在這般呈現，而是在一代一代的傳承與改進中，不斷融入了更多廚師的心血與智慧。

　　如今，元富師兄對這道菜的烹製做了一些改進，湯菜的屬性沒有變，只是將奶湯變為純素的湯，只放菌子、松茸和一些時令蔬菜來熬製，這樣出來的湯更加符合現代人追求健康的飲食要求。當然，這樣的改良對廚師熬湯的技藝也會要求更高。

芙蓉雞片
芙蓉城裡說芙蓉

有人說：「人心各異，猶如千人千面，怎能保證天下人和你口味一致？」長期混跡文壇與烹飪界的清代美食家袁枚卻說：「像不像，三分樣。我雖不強求眾人口味與我一樣，卻無妨我把自己喜歡的美食與人分享。飲食實屬小事，對於忠恕之道，我心已盡，還有什麼可遺憾的呢。」

今天，我們就來說一說芙蓉雞片吧！

芙蓉雞片的三種作法

芙蓉雞片是川菜中的傳統菜，但是不是道地的川菜，還沒有肯定的說法。它之所以叫芙蓉雞片，是指成菜之後的形狀有點像白芙蓉花的花瓣。

首先，選料**一定要是白淨的去皮雞胸肉**。要注意，不能選嗆了血的雞肉（按：屠宰時血沒放乾淨，或屠宰前電擊造成微血管破裂），因為嗆了血的肉裡面是紅的，半成品出來時入湯一燴，就變成烏的了，十分影響成菜後的顏色。一般來說，一個雞胸肉就夠了，去筋，捶茸。先將雞茸加入冷湯增鮮，後加雞蛋清（一般 2 兩雞茸 4 個蛋清），攪拌好之後加鹽（也可以加點胡椒水）。鹽一下去蛋白質就開始收縮，再攪拌就會變稠，使雞茸更加潔白。

然後，加水豆粉（也可不加）。最後，再適量加點湯（雞湯更佳）調成備用的雞漿。需要注意的是，做芙蓉雞片的雞漿要調得

比雞豆花的雞漿濃稠一些，因為這個雞漿下鍋要成片狀，而雞豆花只要成團即可。

　　胡廉泉先生說，在做芙蓉雞片之前，要先製雞片，製雞片有三種方法。第一種是孔道生師傅講的，說過去成都有一家餐館名叫「北洋餐館洞青雲」，有一次，孔師傅看到這家餐館的一位廚師做雞片的方法是「用油沖的」。

　　燒一鍋豬油，油的量要多一點，待油溫達到一定程度後，用炒瓢舀一瓢調好的雞漿，順鍋邊滑下去，讓它自己向下梭成片狀；過一會兒，從油中把它撈出來，用湯泡起。這種製作方法叫做「沖」。

　　第二種是將「沖」改成「攤」，攤的時候，鍋裡有油不現油，溫度不能太高，不然容易起糊點。將雞漿在鍋裡攤成蛋皮狀，一片一片的，然後鏟起來，同樣用湯泡起。

　　這兩種作法各有特點，用「沖」的方法，雞片顏色好，雪白，但張片成形要差一些，有厚有薄。如果在湯裡的浸泡時間不夠，油脂會略顯重一些；用「攤」的，雞片厚薄比較均勻，但它的顏色要差一些，因為攤的時候不可避免的會出現黏鍋的情況。

　　這裡，我需要補充一點：有一天，去元富師兄的松雲澤觀摩了芙蓉雞片的製作過程。元富師兄他們目前採用的便是「攤」的方法。不過，較以前的傳統作法已有所改進，攤雞片時並未出現黏鍋現象，而且攤出來的雞片厚薄均勻，顏色雪白，完全沒有出現糊點，很神奇。於是，我問元富師兄，怎麼辦到的？

　　元富師兄說：「將調製好的雞漿，充分攪拌後倒進炙過的不沾鍋的鍋裡，等它慢慢成型。取的時候用油來沖，等它浮上來後快速揭起。這應該是兩種方法的綜合運用。現在也有一些新的方法，例如蒸，但我仍堅持把傳統的方法教給徒弟，讓他們知道這道菜的沿革。」

這雞片「沖」或「攤」出來之後，要將其燴成菜。一般加冬筍片，有時還加點絲瓜皮，沒有絲瓜皮時可以加點菜心。為了使顏色好看一些，有的還加點火腿或鮮菌片，增加點鮮味。「以前還有人加 2、3 片番茄，這個我不建議。因為在一起燴的時候，番茄會影響雞片的顏色和味道。」師父補充說道。

加好輔料後，放入雞片與湯稍微燴一下，起鍋前適當加些鹽，勾點二流芡，擺好盤之後，再淋點雞油。

雞油黃亮，雞片雪白，火腿嫩紅，菜心翠綠……幾種顏色加在一起，成菜之後非常漂亮。這道菜特別適合老年人、小孩吃，是川菜中比較有特色的鹹鮮味。

這時，胡先生又接著說：「記得 1980 年代中期，我們在成都各大專院校辦技術培訓，一次在當時的四川醫學院外專食堂吃飯，他們做的菜中就有一道是芙蓉雞片。那個芙蓉雞片，既不是『沖』的，也不是『攤』的，而是『蒸』的。」

具體作法是：方盤裡抹點油，把調好的雞漿倒進去，蕩平，蕩成薄薄的一層，入蒸籠蒸一下，待成片後提起來，改刀。這種方法既保住了半成品的美觀顏色，又省時間。不過缺點是厚度難掌握，以及始終是改刀而成的，顯得沒那麼自然。如果把這個問題解決了，三種方法中，胡廉泉倒是更傾向於蒸的方法。

「芙蓉」入饌名的菜餚

「芙蓉」入饌名，始見於元代著名養生食書忽思慧的《飲膳正要》中之「芙蓉雞」。其後，明代宋詡的《宋氏養生部》中有「芙蓉蟹」，清代袁枚的《隨園食單》中有「芙蓉豆腐」、「芙蓉肉」。川菜中較早見於清宣統年間《成都通覽》所記的「芙蓉燕窩」、「芙蓉豆腐」、「芙蓉糕」、「芙蓉餃」。

　　我曾在《中國烹飪》1996 年第 5 期上看到一篇〈芙蓉何以入菜名〉的小文，作者撰文定論中華烹飪中的「芙蓉菜」，其「芙蓉」皆為水芙蓉（即荷花）。就這一論點，我認為有偏頗之處，至少川菜中的「芙蓉菜式」並非如此。作者可能並未完全了解成都以及川菜的歷史吧。

　　五代十國廣政年間，後蜀主孟昶的王妃花蕊夫人酷愛花草，尤喜好牡丹、芙蓉。於是孟昶命人於城牆上遍種芙蓉。此後每到秋季，四十里城牆芙蓉競開，紅白相間花團錦簇，呈現出「二十四城芙蓉花，錦官自昔稱繁華」之壯美盛景。成都自此有了「芙蓉城」之美名。

　　而川菜中的芙蓉菜式，可以十分肯定的是借「芙蓉城」內的芙蓉花之色與形，或色形皆取來表現川菜菜餚的特色和品味。像芙蓉燕窩，出於清中晚期，以腦花、蛋清、鴿蛋、清湯輔燕窩，形色皆似白芙蓉；芙蓉豆腐湯，亦始於清嘉慶年間，〈錦城竹枝詞〉曾詩贊「芙蓉豆腐是名湯」；再有，芙蓉蛤仁這道湯菜，則是把雞蛋製成芙蓉蛋，注重形色素雅、細嫩清鮮；芙蓉銀魚，也是取雞蛋清製成白色芙蓉花瓣狀，置於湯麵。

　　翻開各地出版的食譜，隨處可見以「芙蓉」命名的菜餚，像天津芙蓉蟹黃、青海芙蓉圓子、甘肅芙蓉扒乳鴿、浙江芙蓉豆腐、芙蓉肉、湖南芙蓉鯽魚、福建秋水芙蓉、八寶芙蓉鱘以及清真菜中的一品芙蓉蝦等。其中，最具代表性的一款芙蓉菜，便是芙蓉雞片了。前文我也提到過，此菜是用調好的雞漿製成，裝盤擺成芙蓉花形，形色典雅、素潔清鮮、十分美觀。

　　民國散文家梁實秋的《雅舍談吃》中有一篇〈芙蓉雞片〉，文中說：芙蓉雞片是京城八大樓之首東興樓的拿手菜之一。所以，從這一點來看，這芙蓉雞片的來源，跟孔道生師傅所說的「北洋餐館洞青雲」做的芙蓉雞片，還有點不謀而合，就連師父他老人家也曾說過：「芙蓉雞片這道菜，實際上是中國名菜系都愛做的一道菜。」

　　這芙蓉菜餚雖以芙蓉雞片為翹楚，但其他的芙蓉肉片、芙蓉牛柳、芙蓉鴨掌、芙蓉鯽魚、芙蓉青元、芙蓉豆腐、芙蓉牛脊髓等也不甘示弱，就連點心、小吃行列的「芙蓉系」也來報到了：魚翅芙蓉包、海參玉芙蓉、芙蓉糕、芙蓉餃、芙蓉麻花、芙蓉蛋糕、芙蓉玉米饃、芙蓉餅、酥芙蓉等紛紛登上舞臺一顯身手，使得川菜的芙蓉菜餚變得最為豐盛。

　　如此的競爭環境，也使這些芙蓉菜餚獨具川菜的地方特色，它們不僅形美色雅、品相不凡、獨具風味，而且還充分展現了芙

蓉花豔而不俗的意韻，常為筵席上的食客帶來意想不到的美好享受。1958 年，川菜大師曾國華奉命去漢口為毛澤東及其他中央領導主廚，他烹製的芙蓉雞片受到毛澤東讚揚。原來早在 1945 年，毛澤東在重慶參加國共兩黨和談時，就愛上了芙蓉雞片、麻婆豆腐、宮保雞丁、魚香肉絲、回鍋肉等傳統川菜。

1987 年 9 月 28 日，「老報人」張西洛同友人一起到成都找作家車輻吃飯。車輻帶他們去了「大同味」，主廚的是原新南門外錦江之濱竟成園的易正元老師傅。當天，他們直接叫了易正元的拿手好菜：芙蓉雞片、紅油麻醬雞絲、三大菌大轉彎、大蒜鱔魚等……眾人均對這席大菜讚不絕口。尤其是芙蓉雞片，不僅得到了北京來客的讚美，還被認為保持了川味中芙蓉雞片的特點。

芙蓉雞片的辨別

古人評價一道菜，只說好吃不好吃，直到民國時期的國學大師章太炎把「味道」一詞用在食物上。說一道菜正宗、道地，往往是對廚師廚藝的最高評價。人的舌頭上約有一萬個味蕾，可感知甜、酸、苦、鹹四種味道，而其他味覺則是這四種味覺不同比例的組合。舌頭對味覺的區分與記憶，有著令人驚嘆的準確性。

我問師父，現在市面上也有做芙蓉雞片的，怎麼去辨別它們的好與不好？他說：「一道芙蓉雞片端上來一看，如果雞片不白，首先視覺上就不過關。搭筷子一嘗，如果吃不出雞肉的纖維，只是感覺嫩，那就是只用了蛋清，可能連雞肉都未用。現在很多的年輕廚師，不管是做雞豆花還是做芙蓉雞片，往往都以蛋清為主，為什麼？保險。

「舉個例子，他們做的雞豆花，是先拿紗布把它濾了之後蒸出來，當然蒸的時候肯定兌的是蛋白。既然是雞豆花，再嫩的雞豆

花都應該吃出雞肉的纖維感，不然怎麼叫雞豆花？還不如直接叫蛋豆花。做芙蓉雞片也是這樣。

「如果吃出味精的味道來，同樣不過關。過去川菜傳統的廚師做菜時，都不屑於用味精。他們更注重食物的本味，並懂得用湯突出一個鮮字。但現在的年輕廚師不管做什麼菜，為了圖方便都是

直接放味精增鮮。因為他們不善於用湯，所以這些廚師在行業中往往被稱為『味精廚師』。

「高明的廚師在湯的作法以及湯爐的布局、位子上都很講究，湯往往由站頭爐的當家廚師專管，其他人不得動用。過去榮樂園在這方面的規矩是很嚴的，廚房湯爐設有固定位置，由專職師傅看管，十分講究，而且老師傅的頭湯你絕對動不得。

「這雞片吃起來要又滑又嫩。做菜跟做人同為一理，故有『先做人，後做菜』之說。所以說，做菜的過程中摻不得一點假，必須認真按步驟一步一步完成，急不得，更馬虎不得。你捶雞茸的時候，有沒有捶到位；你加蛋清的分量拿捏得準不準；你攤（或沖）雞片時火候掌握得好不好……都能從雞片的滑嫩程度上吃出來。」

在當今餐飲百花齊放的環境裡，很多所謂的創新，往往成了一些欠缺基本功的廚師用來藏拙的藉口。餐飲總是處在不斷變化與發展之中，飲食也由粗到精，由天然到人工，再到現在的反璞歸真，但川菜的本不能丟。

以前祖師爺藍光鑒對袁枚的《隨園食單》很有研究，他老人家研究《隨園食單》的目的，一是為了榮樂園的經營，二是為了「川味正宗」這四個字。師父也是一再強調：「創新之餘，先要固本。」正如著名藝術家梅蘭芳所說的「移步不換形」，京戲要像京戲，川菜要有川味，總之萬變不離其宗。

牛頭方

百斤牛肉，只取一點

在川菜眾多的名饌美食中，有一款牛肉菜餚深得人們喜愛，這就是被各大飯店推崇、眾多美食家和媒體推薦的「松雲澤」鎮店大菜──紅燒牛頭方。

作為一味幾近失傳的古老菜色，紅燒牛頭方被人們稱之為是對鮮香的極致表達，這樣的味道深深刻印在每一位品嘗過它的人記憶深處。當然，我也不例外。

把普通食材極致化

「牛頭方」是四川地區獨有的特色傳統名菜，有直接稱「牛頭方」的，也有做成「紅燒牛頭方」口味的。以前成都的「頤之時」，今天重慶的「老四川」（老四川大酒樓創辦於 1930 年代初，目前是重慶市僅有的兩家由國家命名為「中華老字型大小」的餐飲企業之一）烹製此菜均有獨到之處。據師父講，現在「老四川」仍然保留有傳統的「燒牛頭方」這道菜。

1941 年，「川菜聖手」羅國榮大師從重慶丁府（當時的四川金融大亨丁次鶴）離開，回成都創立了「頤之時」。本來，羅國榮擅長以海產為原料烹製川菜，如魚翅、海參等，但頤之時創立之初，正是抗戰期間，海產奇缺。於是，羅國榮就地取材，推出了一系列名菜，如「清蒸腳魚」（按：鱉、甲魚）、「一品酥方」、「家常臊子麵」等，這當中就有「燒牛頭方」。

羅國榮大師的「燒牛頭方」為鹹鮮味型，以燒製之法成菜，獨具特色。成菜色澤金黃發亮，牛頭皮炛糯適口，味道濃鮮醇厚，湯汁稠釅（按：音同驗）。深受當時的文化名人追捧。

當時成都文化界的名流如張大千、林山腴、向仙橋、肖心遠、盛光偉、楊嘯谷、白仲堅、向傳義、陶益延、鍾體乾等人，都是頤之時的常客。羅國榮對文化人特別尊敬，每當他們來頤之時，都要親自下廚，一展身手。

美食家石光華先生就曾說過：「川菜向來不以食材取勝，什麼燕鮑翅呀，那些都不能算川菜的特色。**川菜的特色是，能夠把普通的食材極致化。**」是的，就我所了解的這些川菜大師而言，他們常常善於思考，並把普通的食材極致化，像開水白菜、豆渣鴨脯、炸扳指等，這幾道菜的出發點都是這樣。而正因為老一輩的川菜大師善於發揮他們的聰明才幹，利用他們所學，才創造出層出不窮的特色川菜。

「近幾十年，很多川菜廚師是沒有資格談川菜的。他們有些甚至連一些筵席菜都沒見過、沒做過。」正如師父所說，**真正的川菜是有二十幾種味型，其中，只有七種味型是辣的，剩下大都是**

不辣的。

但如今，不少年輕的川菜廚師，甚至連基本的二十幾種味型都無法完全掌握，就敢以擅長川菜烹飪自詡，這與他們缺乏「工匠精神」是有關的。早些年的拜師學廚，是把川菜當作自己為之奮鬥一生的事業，而現在的年輕人，很多只是把它當作養家糊口的工具。曾經，川菜界有種規矩，謂「學徒三年」、「幫師三年」，熬過這幾年，才稱得上正經八百的川菜廚師。而現在，在培訓班裡待幾個月，或學會一、兩道拿手菜，就敢自立門戶開店賺錢了。

為此，師父嘆息：「快速的市場節奏，讓本該踏踏實實待在後廚的川菜廚師多了一些浮躁，少了精益求精的態度。過去學徒學切肉，至少要切幾千斤肉、用壞好幾把刀，現在不過區區數月就能出師。」

今天，與其說我們是在這裡探討川菜的真相，不如說是在追溯川菜的靈魂與正味。因為只有深知川菜的靈魂和正味之後，我們才能夠真正認識、理解、懂得川菜。

鎮店大菜、開席頭菜——牛頭方

早前有很多業內人士認為，川菜更拿手於牛肉菜餚的製作，而且很多牛肉菜已成為川菜的標誌，如夫妻肺片、陳皮牛肉、毛肚火鍋、家常燒牛筋、家常牛鞭花、紅棗煨牛尾、燈影牛肉、蝦鬚牛肉、毛牛肉、清燉牛肉、清燉牛沖（按：牛鞭）、清燉牛尾、水煮牛肉、乾煸牛肉絲、小籠蒸牛肉，以及我們這裡著重要講的牛頭方。在他們看來「牛肉菜成就了川菜，川菜發揚了牛肉菜」，從川菜數百年的發展歷史來看，此話似乎還是有些道理。

川菜大師陳松如就曾說過，「牛頭方」這道菜，是隨四川飯店落戶北京的，北京四川飯店因它而名聲大噪。此菜在川菜中有著

悠久歷史，早已名揚天下，而四川飯店剛剛組建之時就能得其美味，可說是飯店的一種榮幸。

據陳松如回憶：1959 年飯店的慶典宴會，就是由此菜作為壓席大菜上席的。可以說，那次是牛頭方在四川飯店的第一次露面，也正是因為此菜的絕妙口感、絕佳口味，使其一經推出，就給人留下了難忘的印象。

宴會上，嘉賓對牛頭方、家常臊子海參等名菜可以說是品頭論足，各抒己見，無不對牛頭方產生濃厚的興趣。後來，還一致提議要把此菜作為飯店的招牌菜。因為和家常臊子海參相比，牛頭本是很平常、普通的食材，但經過四川廚師的精心烹製，卻成為一款能登大雅之堂的四川名菜。

牛頭方在北京四川飯店的成功製作，給飯店贏得了不可多得的好聲譽，甚至有人是這樣誇牛頭方的——「飯店因它而美名，川菜因它而正宗」。當年，周恩來、朱德、鄧小平、劉伯承、陳毅、賀龍等領導人只要一來四川飯店，牛頭方總是必不可少。當時的社會名流、專家學者，紛紛以品味牛頭方等名菜為一大快事。

據北京四川飯店的老服務生講，當年許多外國領袖訪華的答謝宴會，都是在四川飯店舉辦。並且，每次宴會的大菜牛頭方都赫然在列。

最考驗手藝的一道菜

說了那麼多，方歸正傳，我們還是來說說牛頭方的複雜製作過程。

「最早的川菜食譜裡就有這道菜，當時很多食譜上都說要選水牛的牛頭。可能是因為水牛的塊頭要大些，肉頭要好點。」關於牛頭方到底是用水牛還是黃牛，師父他老人家是這樣看的，「資料

上雖然說用水牛的牛頭，但實際操作過程中，黃牛的牛頭做出來味道也很好。所以，在這一點上還是不能太受局限，關鍵要看的是廚師的手藝！」

選好料，要先把牛頭上的毛去掉。這裡所說的去毛，一定要「一毛不留」。此時的牛頭還不能直接煮製，廚師需再仔細檢查牛頭表皮所有的細毛是否都被去淨。哪怕只有一根存留在菜中，試想，誰敢再來食用？

然後，執刀的廚師不偏不倚劈開牛頭，牛頭體積龐大，難有鍋可以整煮，應將其一劈為二，取出牛腦和口條（按：舌頭），最好是不偏不倚，正中間為宜。

下水煮至可脫骨而非離骨時，把牛頭取出放涼（不燙手為度），把牛頭頂上的皮剗下來，排放盤中涼透。這個時候，牛頭表面的那層皮質地是極老的，根本無法食用，要用刀將其一點一點的削去，直至露出細嫩的皮肉。實際上，相當於是用刀給牛頂上的這塊肉頭去了一層皮。「這時就非常考驗手藝了！必須小心翼翼的邊片邊削，刀口不宜過深，也不宜過淺。過深，原料有損失，過淺則粗皮去之不淨，在吃的時候就會墊牙。」師父早年在榮樂園時曾經親自操刀做過這道菜。

接下來，就需要把牛頭皮切成寬 3 公分、長 5 公分的長條形塊狀了。為什麼牛頭方不是切成正方形，而要切成長條形？師父說：「那是因為長條形跟方形相比，更容易定碗裝盤。」

切好之後的牛頭皮須用紗布包起。把牛頭皮和較大量的清水一同放鍋中燒開，稍煮撈出，再用清水反覆漂洗乾淨。其作用是，盡可能的把牛頭皮的異味除淨。

我們知道，牛頭皮本身沒有什麼鮮香味，但成菜以後的牛頭方卻很是鮮香。那麼，這種口味從何而來？這裡，除了加入蔥、薑、蒜、鹽、花椒之外，還要用雞腿、鴨腿、火腿、老肉或肘

子、干貝等輔料增鮮。為了使牛頭方成菜以後的口味更加純正，輔料也要除異味，將其適當切大塊，和清水同放鍋中燒至滾開，撈出，再用清水反覆漂洗乾淨。

這個時候，牛頭皮雖經開水煮製，但質地仍極老。要想成為菜餚，達到柔軟細嫩的口感，仍需要 5、6 個小時來燒製。在盛鍋時，一定要層次分明，不能雜亂無章。底層放輔料，牛頭皮放中間，上面再蓋上一層輔料，這樣方可使牛頭皮口味更加均勻。

現在，到了炒味汁的時候。這可以說是牛頭方成菜的一個關鍵程序，更是菜餚製作者烹飪技藝的集中表現，因為這個程序的品質，直接影響牛頭方的口味和顏色。

鍋中放入適量烹調油，郫縣豆瓣醬下鍋煸炒出香味，烹入黃酒 3 杯、雞湯 2 杯燒開，煮透，再用小漏勺把豆瓣渣子撈淨，這時味汁就算炒好了。把味汁倒入牛頭鍋中燒開，打淨浮沫，放入蔥、薑、蒜、鹽燒開。如果覺得顏色不達標，還可適量放些糖色。蓋嚴，移至小火慢燒。

「有些廚師在做這道菜時，還放入適量的陳皮、八角、桂皮等香料。」師父說道。

待牛頭皮煮到能用筷子插洞，沒有硬心，完全柔軟就可以了。但也要注意不要過火，過火口感就會黏黏糊糊的，因為膠原蛋白很容易糊化。

「這個時候，就可以把牛頭皮全部挑揀出來，放在一個大盤中，進行擺盤。主料雖然是牛頭方，但是配料可以隨意，尤以時令鮮蔬為首選，可用蘆筍，也可用瓢兒白（按：小白菜、油菜）。只要顏色岔開，有錦上添花的作用就可以了。」

在擺盤的同時，將原湯汁收斂，待汁呈紅亮之色時澆（也可以搭點香油）在軟糯的牛頭皮上，一道讓食客們味蕾慢下來的川菜精華便做成了。

以牛頭為主料，川菜獨有

　　普通的牛頭皮（常被歸為下腳料〔按：指加工後剩餘的原料碎屑〕）成菜以後，為什麼會如此被人們所推崇？

　　那是因為，它的原料本身就出奇。在中國烹飪中，以牛頭為主體原料製菜，在他方菜系是根本沒有的，可以說僅為川菜所獨有，一菜一格當之無愧。再加上烹製上的絕技，使得牛頭方成為一道有難得的顏色、少有的口感以及誘人口味的工藝菜，廚師需特別花時間和心思。

　　難得的顏色，在這裡特指成菜以後的牛頭皮本身所顯示的紅，且又近乎透明發亮的獨有色澤，而這種顏色為牛頭皮所固有，人為是不可能調製出來；而少有的口感，是指牛頭皮內含豐富膠原蛋白，在火候的作用下，成菜後有柔軟細嫩、炐而不爛的勁道；至於那誘人的口味，當然是指牛頭皮在其他原料和調味料的共同「輔佐」下，再加上適宜的火候形成了鹹中浸香、香中透鮮、鮮中微辣（也可以無辣）的獨到味道。

　　熟悉川菜的人都知道，無論是從程序上來講，還是就所用時間來看，牛頭方都是其他菜餚不能相比的。提起這道菜，作為松雲澤的掌門人，師兄張元富的體會是：此菜執刀、操勺的廚師只有店中高手才可以擔綱，只要大師們在場，其他廚師是挨不上邊兒的。因為此菜的製作程序甚為複雜，且每一道程序之間都是有因果關聯，一招一式都考驗著廚師絕佳的技術。

　　現在成都的金牛賓館、錦江賓館都還在做這道菜。不過，是作為一般的燒菜，並沒有作為傳統名菜來做。松雲澤恢復牛頭方的傳統作法之後，石光華、蔡瀾等美食家相繼前去品嘗過。一時之間，成都的媒體爭相報導，引起了很大的關注。

　　不過，元富師兄卻說：「我也還在摸索，還沒有說做到精妙絕倫，因為這道菜確實考驗手藝。」就連川菜大師陳松如都曾語重心長的叮囑徒弟：「我們作為廚師，對於牛頭方這樣的名菜，要從心底裡愛護它得來不易的好聲譽。你可以不做它，但是你沒有權利不把它做好。如果你不能做到這一點，那麼，如此好口碑的名菜，你還是不做為好！」

　　正所謂「沒有金剛鑽，別攬瓷器活」，要是沒幾把刷子真功夫，就想做牛頭方，那可是要貽笑大方的。

「水煮」不只牛肉

怕辣慎選

　　水煮娃娃魚，早在吃之前就聽師父跟我說過。說以前得這一食材時，師傅們想盡了辦法，各種烹飪方法也一一試過，均沒有達到理想的效果。經過無數次的碰撞，娃娃魚這種食材終於在「水煮」這裡找到了歸處。

四川菜名愛騙人？

　　有人說，四川有一些菜都是「騙人的」，比如，螞蟻上樹裡面沒有螞蟻，魚香肉絲裡面沒有魚。除此之外，還有讓外地朋友又愛又恨的水煮系列，聽起來像是白開水煮的菜，應該很清淡，但吃了才曉得原來又麻又辣。

　　而要說「水煮」之法，肯定得先從「水煮牛肉」這道菜說起。水煮牛肉是一道地方名菜，起源於四川自貢，屬於川菜中著名的家常菜。**水煮簡言之就是：豆瓣醬湯煮肉再澆熱油。**

　　關於水煮牛肉的歷史流傳的版本，想必好多人都聽說過：相傳從前，在四川自流井、貢井一帶，人們在鹽井上安裝轆轤，以牛為動力提取滷汁（按：可從中提取出鹽）。一頭壯牛服役多者半年，少者 3 個月，就已筋疲力盡，故時有役牛淘汰，而當地用鹽又極為方便，於是鹽工們將牛宰殺，取肉切塊，放在鹽水中加花椒、辣椒煮熟，取出手撕而食之，既可佐酒、下飯，又可在冷天抵禦嚴寒。因此得以廣泛流傳，成為民間一道傳統的草根菜品。

後來，菜館廚師又對「水煮牛肉」的用料和製法進行改良，使之成為了流傳各地的名菜。此菜中的牛肉片，不是用油炒的，而是在辣味湯中燙熟的，故名「水煮牛肉」。

胡廉泉在 1970、1980 年代，為印證成都水煮牛肉與自貢水煮牛肉的區別，曾親自去求證過。據胡先生說，1978 年他被派到自貢，於是他就利用自貢飲食公司請他在自貢飯店吃飯的機會，向在座的當地老師傅請教有關水煮牛肉的一些問題，並提出想看一看他們做的水煮牛肉。

主人滿足了胡先生的要求。不一會兒，服務生端了一份水煮牛肉上桌，胡先生一看的確跟成都的作法有很大的不同：盛菜的容器是長條盤，而不是凹盤或荷葉邊大碗；打底子的是用白湯煮熟的白菜幫，牛肉用豆瓣和芡一起碼好、拌勻，放入湯裡汆熟，再打起蓋到白菜幫面上就上桌了。

他當時腦中閃過 1973 年到重慶開會，參觀重慶餐飲業技術練兵時，也有水煮牛肉這道菜，重慶的作法與成都作法差不多。看著面前的自貢水煮牛肉，一時疑惑不解。他在想，既然這道菜是自貢

名菜，那是不是代表面前這盤水煮牛肉才是傳統作法？而成都的水煮牛肉（包括重慶的）是不是都改變了傳統的作法？

更「好笑」的是，當時自貢方面陪同胡先生工作的一位幹部，幾年後來成都辦事，這時，他已升為公司的經理了。公司請他到榮樂園吃午飯，同時也請胡先生作陪。胡先生特別安排了一道水煮牛肉。當水煮牛肉端上桌子時，胡先生問這位經理：「你們自貢的水煮牛肉是不是這樣做的？」經理可能已記不清當年胡先生到自貢吃水煮牛肉的事，於是說：「我們自貢水煮牛肉跟你們這個一樣的、一樣的。」胡先生想，既然是自貢的名菜，怎麼今天又跟成都的一樣了呢？上次去自貢吃的時候，明明不一樣嘛！

胡先生再度陷入疑惑。他想起上次去吃的自貢水煮牛肉，它既不香，味也淡，只是嫩牛肉片有點辣椒味道，感覺作法上很粗糙。而一直讓他糾結的是，這自貢的水煮牛肉是不是就是傳說中的模樣？想來想去，最後決定放棄追索。既然人家都說一樣的，就說明自貢的水煮牛肉已經向成都看齊了。而事實上，從一位食者的角度來說，的確成都的水煮牛肉更好吃、更香。

如何做一道成功的水煮牛肉

現在的水煮牛肉已經不是簡單的清水加花椒、辣椒了。其具體烹飪過程，簡單來說：將牛肉切成 4 公分長、2 公分寬、0.3 公分厚的薄片，盛在碗裡，加精鹽、醬油、水豆粉拌勻（水豆粉的量需比平時做炒肉片時多加一倍）。再把蒜苗、芹菜切成 7、8 公分長的段，萵筍尖切片備用。

主料、輔料都準備好後，把鍋收拾乾淨，倒入少許油，下乾辣椒、花椒，入鍋小火翻炒（用四川話來說，就是炕一下），待辣椒變成棕褐色，質地發脆後，迅速出鍋攤開放涼。涼透後的花椒和

辣椒變得又香又脆，此時就可以將它們倒在砧板上，用刀口慢慢剁成碎末。所謂的「刀口辣椒」便是這樣做，而不是碓窩舂的。

　　油鍋中再次放入少量油，先將蒜苗、芹菜、萵筍尖煸炒至稍微熟之後，加入少量鹽，起鍋入凹盤墊底。為什麼不將配菜入湯裡煮一下呢？因為，這道菜屬於又辣又麻的厚味菜，如果把配菜入湯煮，不僅味重，煮後還會變軟，失去香脆的口感。而且，肉燙好之後，再把牛肉片放配菜上，萵筍尖一燜就更沒有清香味了，所以說只能煸炒一下。

　　鍋裡入油，放剁細的郫縣豆瓣，炒得吐紅油時，加湯、醬油、鹽燒開，將牛肉片下鍋，燙至肉片伸展，這時候從牛肉片上脫下來的豆粉就會入湯汁裡，待湯汁收濃稠時，快速起鍋，將牛肉片蓋在配菜上，而多餘的湯汁便順著蔬菜的空隙流入凹盤底，在流的過程中湯汁也把配菜燙了一遍，因此水煮肉片裡的配菜也很有味道。

　　牛肉片上面放入刀口辣椒和花椒，將鍋收拾乾淨，舀一兩多油燒到七八成熱，直接淋上去。當糊辣香四處飄溢時，你就知道這道菜成功了。

　　此菜的特色是：色深味厚，香味濃烈，肉片鮮嫩，突出了川菜麻、辣、燙的風味。師父說，**在做水煮牛肉時，一定要注意：切牛肉片時，不能切太薄，太薄一燙熟就咬不動了。**

　　湯汁絕對不能淹到牛肉片。如果湯汁多了，也不能一下倒進去。現在好多餐館水煮牛肉的問題就在湯多這點。湯多並不會對水煮牛肉產生任何增加美味的作用，反而會使此菜失去糊辣香。為什麼呢？因為，熱油要使刀口辣椒產生糊辣香的前提是，必須讓刀口辣椒淋油前處於乾燥之地。湯汁一旦多了，油一淋便會產生重力，使刀口辣椒被淹得更深，湯汁一泡，怎麼還能產生出糊辣香味呢。而**要做正宗的水煮牛肉是離不開刀口辣椒的。**因為，沒有刀口

辣椒的四川水煮菜，就如同缺少了靈魂。

讓師父痛心的是，「現在好多年輕廚師，為了省事都不用刀口辣椒了，而是直接使用乾辣椒粉。而且墊底的配菜也是五花八門，有些廚師的水煮牛肉，牛肉還過油。這就不叫水煮，是油滑牛肉了。」在師父看來，這些現象都是廚師自身的問題。也許是廚師在學藝時，並沒有完全學到位；也許是廚師在做菜的過程中，為了省事而不嚴格要求自己……。

這道菜師父在美國榮樂園也做，且還是同樣的作法，突出其麻、辣、燙的風味。「那個時候，我們的菜單上一般對於一道菜的辣味程度，都會在菜名旁邊用星星的數量來標明，當時水煮牛肉

這道菜旁邊是標注了三顆星星，三顆星就是『特辣』。但越是辣的，他們越愛嘗試。」

「有一次，一位食客點了一份水煮牛肉，要求麻辣要放夠，說是不辣不給錢，逼得我把刀口辣椒弄了很多。這就說明，一些食客就是抱著吃麻吃辣的心態來的，你如果沒有讓他辣得舒服，麻得安逸，他就會失望。」師父繼續說道。

對美味追求的無止境

那麼，從「水煮牛肉」這道四川家常味名菜而衍生出來的菜，除了水煮肉片之外，還有什麼呢？這就多了，比如水煮腰片、水煮雞片、水煮魚片等。當然，松雲澤創新的水煮娃娃魚則是對水煮牛肉的昇華。

其中，水煮腰片很受歡迎。做的時候，與水煮牛肉稍微有些不同。這水煮腰片，一定要大張腰片，為了使其鮮嫩，甚至於根本就不用下鍋水煮，直接將腰片燙一下就好了。這就需要我們的師傅，根據原材料來靈活掌握，但其根本還是離不開「水煮牛肉」的風味。現在的廚師，在處理腰片時，還會將片好的腰片入冰水裡冰鎮一下，然後再焯出來，口感會更脆嫩。

接下來，我們說說水煮娃娃魚。娃娃魚因為叫聲很像嬰兒的啼哭聲，所以得名，其營養物質豐富，肉質細嫩。師父說：「早在1970 年代，榮樂園就引進過娃娃魚這一食材。那個時候廚師們研究了很多種方法，清燉、紅燒什麼的都試過。但無論怎麼做，都沒有找到適合娃娃魚這一食材本身屬性的方法。」後來，野生娃娃魚被列為國家二級保護動物，這件事也就不了了之。

直到師父和元富師兄組建了「松雲澤」，加之現在也有了專供食用的養殖娃娃魚。於是經過了這麼多年，師父和元富師兄他們

在松雲澤又開始研究起娃娃魚來了。

師父說：「拿來水煮也是一次偶然。」那天，正好後廚在做水煮牛肉，本來是準備 3 份的配料，誰知有食客因為身體原因臨時換菜，而當時師傅們正巧在研究娃娃魚的作法。於是，為了不浪費配料，師傅們就試著把娃娃魚切成很薄的片，用水煮的方法弄了一份水煮娃娃魚出來，沒想到這種方法居然跟娃娃魚很合拍。其他師傅們聞之，紛紛前來試菜，最後大家一致認定，水煮是娃娃魚的最好作法，是技藝與食材的絕妙碰撞。

李劼人曾經對烹飪有一個比較中肯的提法：烹飪藝術。

此與美學家王朝聞和洪毅然的說法不謀而合，他們說：「種種好看不好吃——甚至，只供看、不能吃的某些流行『名菜』，其實並非真正『烹飪藝術』的方向！因為烹飪藝術屬於『實用藝術』，且是味覺藝術而非視覺藝術，實用（吃）是基本要求。比如，若所謂『現代書法』根本不去寫字，還算書法藝術嗎？」

所以，烹飪作為一門藝術，凡只好看不好吃者，並非這門「實用藝術」之正道，只是某種只圖好看以騙取驚讚的取巧行為而已；而只好吃不好看者，也不為所取，因為它的外型註定了它不能為所有欣賞它的食客敞開大門。

烹飪之所以可以成為藝術，不僅是因為它的色香味俱全，還在於我們可以為它背後的故事、文化或精神所感動。就正如這道水煮娃娃魚一樣，師父及元富師兄對於烹飪技法不懈努力，不就是為了讓食材達到最佳美味之效果嗎？而正因為有這幫堅守「川味正宗」的川菜廚師們，對美味追求無止境的精神，才有了今天我們飯桌上的這些正宗四川美味佳餚！

6
PART

家常但不平常的
料理

燒椒皮蛋

媽媽的味道

在川菜發展歷程中，許多菜餚起源於民間，並擁有屬於自己的獨特個性。燒椒皮蛋作為川菜燒椒味型中的典型代表，其食材選擇與製作都展現著無窮智慧。燒椒用火燒製而成，皮蛋用火燒盡後的草木灰與泥土包製而成，它們相輔相成又共同成就。而隨之衍生出來的相關菜餚更是不盡其數。兒時的記憶，城市的變遷，完美展現於這道菜的製作與味道中。

具有柴火氣息的老成都

在餐館餐桌上，時常會見到燒椒皮蛋，切成月牙形的皮蛋像花瓣兒一樣鋪在圓形或方形盤子裡，中間攞著調好的燒椒，再加點紅色小米辣或鮮花作為點綴，好看而讓人有食慾。師父說，這也是一道家常菜。

1960 年代以前，整個成都市區的面積還不如現在市區的十分之一，但或許比現在更具生活氣息。所謂的炊煙嫋嫋，並不只在鄉村才有，曾經的成都依然充滿著人間煙火，這並不是以前的人們更懂得生活，而是當年做飯只能燒柴火。

以前的成都有專門賣柴火的地方，住在市區的每戶人家都有一個獨立的爐灶，有大有小，有固定的，也有半固定的，半固定的就是人們所說的行灶。

行灶是可以移動的灶，由外架、火塘子、火柴灶門等構成。

　　整個爐灶最外面為木頭，內部空間敷著泥巴或砌磚，最上面放鍋，幾個木製的腳支撐著灶的體重。這個爐灶之所以被稱為「行灶」，是因為它可移動，且應用廣泛。

　　曾經的老成都，以燒木材為主。木材都很經燒，縱使沒有明火，成為桴渣兒（四川方言，小而碎的桴炭），其溫度也可持續很久。為了充分利用這一能源，人們常在灶爐旁擺放一個可密封的陶罐，當桴渣兒還沒有燒盡時就將它夾進陶罐裡蓋好。由於陶罐裡氧氣不足，桴渣兒會很快熄滅，並保留其中可燃材質。這樣的桴渣兒再點燃時沒有明火，也不具濃煙，不僅可以用來燒烤食物，也可在

冬天用以取暖，可謂物盡其用。

1958 年開始，成都柴火市場迎來了質的轉變，蜂窩煤的出現，給整個市場帶來一定的衝擊。由於煤具有燃燒時間長、方便快捷等優勢，所以逐漸廣泛使用。隨著老城區的不斷拆遷與重修，那些炊煙嬝嬝、詩情畫意的景象，逐漸消失在歷史的天空上。而燒椒皮蛋的製作方式，也隨之有了許多改變。

選料與刀工講究

師父告訴我，作為一名品鑑者，**在吃燒椒皮蛋這道菜時，判斷其是否道地的方式，就是看辣椒是否肉厚、辣味足，香味是否有柴火氣息而不帶煤氣味，皮蛋切得是否乾淨俐落。**

燒椒皮蛋所使用的辣椒以二荊條為主，每年初夏到立秋之前的辣椒為最佳。

春天的辣椒皮太薄、肉太嫩，辣味不夠、回味帶甜，不適合做燒椒，更**適合用來炒雞絲或肉絲**等。春天的辣椒因其稀少，價格昂貴，廚師每次採購多以「根」為單位，也因為是季節性蔬菜，人們習慣叫「嘗新」。

初夏時節，成都平原的氣溫開始猛升，辣椒的生長速度也大大加快，辣味也逐漸增加起來，不僅肉厚，辣味夠，皮也很好，就很適合用來做燒椒，可一直持續食用到立秋時節。**立秋**以後，氣溫開始降低，植物生長速度減緩，這時候的**辣椒，肉少皮厚籽多，顏色變深，適合做辣椒油。**

「既然我們說到了行灶，那辣椒與火候、皮蛋與刀工等，都有一定講究！」師父說，行灶裡面的明火與暗火，給予我們製作美食的無限可能，食材的選料與製作，是這道菜的關鍵所在。

1958 年以前，成都人做燒椒，基本都在桴渣兒裡燒製。1958

年以後，隨著蜂窩煤的逐漸普及，人們在燒辣椒時，方法與注意事項就有了些許改變。

以前人們用松柴等桴渣兒燒辣椒，主要靠餘熱；用青槓柴的炭火來燒，火力就比較大，速度也相對較快；現代人燒辣椒就只能在煤氣爐上燒製，將辣椒直接丟在爐火上面，用筷子隨時翻撥以防止被燒糊，甚至燒焦。

皮蛋這食材，就沒有太多講究。四川長年種植水稻，人們用稻草灰和著黃泥巴來包覆製作皮蛋。許多家庭每年都會在相應的季節，尤其是端午節前囤上一些皮蛋，不僅可以送禮，餓了或者累時也可以剝一個來食用，或者做成燒椒皮蛋。

師父說：「過去的皮蛋打開後顏色不一，有黑的、白的，也有黃的、紅的，只要凝固得好，都可以用來做燒椒皮蛋。」若皮蛋品質很好，刀工也很不錯，那就堪稱完美，若買的皮蛋品質差了一點，而且你刀工又不行，那這道菜就會顯得一無是處。尤其是需要上席桌時，刀工是否到位會直接影響整道菜的美觀度。

在切皮蛋時，有些蛋的內部可能是糊狀的，刀一下去就會黏刀，提起後就沒了蛋黃，只剩下蛋清。所以，在選擇皮蛋時，要盡量選擇比較緊實的，這樣切下去時，才不至於把蛋黃扯掉。

那這個刀工究竟要怎麼掌握？

師父分享了幾種曾經嘗試過的方法給我：第一種就是刀子抹油切，但這個方法似乎有些行不通，因為抹了油還是會沾刀；第二種是用「直」切法，用力直接切下去，不能拖頓，這樣就可以避免帶動蛋黃；第三種則是切下去時先開一個小口，然後再用線去切，一下子就可以將蛋黃分開，形狀也比較好看。

第二種和第三種都有廚師在用，各具優勢。而今，也有一種類似不銹鋼材質的絲狀切蛋器，先將皮蛋剝好，用切蛋器從皮蛋頂上一按，就全部切開，像開花一樣，乾淨利索，大小勻稱。

燒椒不只配皮蛋，皮蛋不只拌燒椒

燒椒皮蛋這道菜是怎麼來的？胡廉泉先生的解釋是：從前農村的一些地方有茂密的竹林，也就是所謂的「林盤」，每到嫩筍破土時，人們都會採些竹筍來食，乾枯的筍殼葉子也成為一種燃料。燒火的時候，將乾辣椒和筍子一起燒成食物，就是古代人稱作的「煨筍」。這裡的煨，其實就是用暗火一點點燒出來的。川菜裡，有道菜叫做燒拌春筍，就是用燒的乾辣椒來拌製的。後來人們透過相同的方式，將新鮮的青辣椒燒製後拌入到皮蛋裡。

燒椒的吃法一直在不斷變化，其中拌皮蛋是一種吃法，直接把燒椒剁細後加佐料來拌，也是一道下飯菜，夾在饅頭裡吃，味道也很不錯。除去這些，還可以用來拌茄子，即把茄子蒸或煮熟以後，撕成條狀，和燒椒一起拌著吃，應用十分靈活。在受到廣大食客的認可與應用以後，燒椒味也逐漸成為川菜味型之一。

而皮蛋本身，除了用傳統的鴨蛋外，現在也有人用鵪鶉蛋，這在以前是沒有的。

師父說：「正常來講，用鵪鶉蛋做燒椒皮蛋也有問題，因為它的蛋黃相對較小，無法用燒椒皮蛋的製作標準來衡量。當然，部分廚師也將鵪鶉皮蛋用在一些菜餚的配料裡，起點綴的作用。」同時，師父也不否認，鵪鶉皮蛋用來製作燒椒皮蛋也並非不可，因為從成本上來說，鵪鶉蛋相對較便宜。同時，用鵪鶉蛋做出來的燒椒味，也有另外一種別致的風味。

其實，在我們的日常生活中，大家對皮蛋的應用也很廣，比如早餐時，人們喜歡煮皮蛋瘦肉粥，加入少許的鹽味，不僅美味，還很養胃；天氣熱時，吃皮蛋黃瓜湯，有著開胃解暑的功效。而曾經的榮樂園還製作過溜皮蛋。

「這個溜皮蛋，實際上是炸溜的作法。皮蛋殼剝掉以後，切

成 6 到 8 塊，撲上乾豆粉，放入油鍋裡一炸，外面就會起一層黃黃的硬殼，然後根據喜歡的味型來調味。我喜歡吃甜酸味重一點的荔枝味，先把醬汁在鍋中調好，皮蛋炸好以後，放入醬汁裡，和勻起鍋。如果想吃糖醋味，那麼糖、醋的用量就要大一些，其方法都是一樣的。溜皮蛋的質地是外酥內嫩，口感很好！」

可為什麼現在的餐飲店裡，就沒有廚師做過溜皮蛋呢？因為榮樂園作為川菜的「黃埔軍校」，也只有從榮樂園裡面出來的師傅才知曉。因此，師父覺得很有必要在這裡認真的講出這道菜的作法，供更多的人學習。

我對這炸溜皮蛋充滿了好奇，於是詢問師父在美國榮樂園時是否做過這道菜，師父對此有特別大的反應：「炸溜皮蛋？不可能，外國食客看到皮蛋就怕，根本不可能拿皮蛋來做菜。他們覺得蛋變成皮蛋的樣子，肯定是蛋壞了，怎麼能吃？」

確實，皮蛋作為一種風味極強的食物，有人接受，也有人不喜歡。但總體來說，皮蛋不僅受四川人喜歡，在許多的湘菜館，或外省的各類土菜館裡都很受歡迎。這些菜都來自於民間和家常。

隨著製作工具的改進和廚師們的不斷創新，大家對整個行業技術的發展和風味的提升，都有了許多不同的想法與創新，而燒椒皮蛋這道菜的衍生品，也開始變得越來越多。我想，在不久的將來，是否會有更多的外國食客，慢慢接受這皮蛋類的食物，他們害怕的臉上是否也會露出歡喜的笑容來呢？

魚香茄盒

粗菜細做

　　山珍海味固然好，但吃多了也就不再有新鮮感。而常見的普通食材就不同了，由於跟日常生活息息相關，家庭主婦和廚師們每天都在接觸和使用，所以這些普通食材得以在他們手中千變萬化，昇華為一道道著名美食，這是否才是真正的飲食文化？

粗菜細做，平中見奇

　　廚師這個行業有一訣竅，叫**「好菜簡單做，粗菜要細做」**。意思是說，味美的高檔材料不需要太複雜的烹製，要盡量保持原形、原汁、原味，一上桌就能讓食客清楚這是知名的高檔原料，展現宴席的高級。例如燕菜席、海參席、魚肚席等。

　　然而，對於粗菜就必須要細做，只有使粗菜改頭換面，增加內在口味、美化造型，才能更加喚起人們的食慾，從而提高身價。例如後面會提到的「蹄燕」，以及這裡要介紹的這道「魚香茄盒」。

　　魚香茄盒的烹製過程，大體來說包括選料、製作兩個部分。師父說，茄子作為時令蔬菜，有季節性，**立秋之前的茄子具有肉多、籽少、皮嫩等特點，無論什麼品種，都適合做魚香茄盒，但到了秋末，最好就不要再做魚香茄盒這道菜了。**

　　茄子選好後，洗淨去皮，然後將茄子切好。可以橫切，也可以斜切，橫切圓短，斜切圓相對較長，根據自己的喜好決定。切成

圓的就是茄餅，修成方的就是茄盒。無論採用什麼切法，都要兩刀一斷，刀進四分之三，留四分之一不切斷，這樣切成的片叫「火夾片」，其目的是方便將餡放進去。

茄盒的餡是有講究的。首先要把乾豆粉和雞蛋一起調勻，直到能拉起絲來最為合適。豆粉一定要處理好，許多豆粉從加工坊出來後，都是粉狀與顆粒狀的結合，如果顆粒太為明顯，可用擀麵棍將其壓成細粉狀。這樣做是為了避免豆粉下鍋後爆裂。在調製蛋豆粉時，需要掌握其乾稀度。

而後，將準備好的豬肉剁細，應該肥瘦均有，這樣吃起來才會有滋潤化渣的感覺。這裡也不見得非要豬肉，如果想吃蝦肉，也可以把蝦剁成肉粒。肉顆粒剁好後，再切點蔥花、薑米、蒜米。最後將調好的蛋豆粉（餘下的備用）與豬肉、部分蔥花、薑米一起攪拌均勻，適當加點鹽進去拌勻，這餡就算是製作完成了。

接下來開始準備泡辣椒，用刀將泡辣椒裡面的籽去掉後剁茸備用。

餡製作好後，用湯匙逐個舀入切好的「火夾片」裡，茄盒的數量一般沒有固定，以所準備的材料為度。肉餡夾完之後，開始在鍋裡面燒油，油量稍大。

在入鍋炸之前，先將茄盒在蛋豆粉裡裹一下。這一過程，很多人都選擇用手操作，需要使上一些巧力。因為茄子放在蛋豆粉裡提出來時，可能會有蛋漿滴下來，需要上下不停翻滾，才能避免蛋漿到處滴落，然後一片一片有序下鍋，且手要放低一些，避免油濺出來燙到人。動作慢的人，可能一個已經熟透，另外一個還未下鍋。這個步驟雖然簡單，也需要講究方式與方法，所謂熟能生巧便是如此，多操作幾次也就熟練了。

待茄盒炸至金黃色時，便可撈出。按師父的說法，這茄子炸好後，是可以直接食用的，但要做魚香茄盒，卻還有一個「溜」的

過程。

起鍋，入油，將提前準備好的泡辣椒茸、薑蒜米等下鍋炒香，烹入提前備好的魚香醬汁（由白糖、醬油、醋、蔥花、水豆粉、鮮湯調製而成），待醬汁收濃，把茄子重新下鍋溜兩圈。所有茄子都裹滿醬汁後，迅速起鍋裝盤，一道鹹鮮微辣、略帶甜酸、蒜香味濃、色澤紅亮的魚香茄盒，就可以上桌了。

講到此處，師父還提出幾個注意事項：首先，「火夾片」要切得適中，約 1 公分最好，不能太厚也不能太薄，太厚不好包餡；其次，肉餡裡除了加蔥花，也可以加點馬蹄粒，蛋豆粉不能裹得太厚，炸茄盒的油溫不能過高；第三，茄盒炸好後，也可不下鍋，將做好的魚香醬汁淋在茄盒上面，或直接裝入碗中蘸著吃。

茄餅茄盒是形狀的變化，如果是用藕，就是魚香藕盒。味型定了，但菜式可以變換。

《川菜烹飪事典》裡記載了一道「魚香筍盒」，作法與「魚香茄盒」相似：先將冬筍煮至半熟之後，切成兩刀一斷的火夾圓片，夾入肉餡裹上蛋糊，入鍋炸至金黃色時撈出瀝乾油，再製魚香味醬汁舀淋筍盒上即成。

如果不想吃魚香味，可以在茄盒上淋上香油，蘸點椒鹽就是椒鹽茄盒；將蔥、薑、蒜下鍋炒香，再將茄子下鍋轉一圈，勾糖醋芡汁，就可以吃到糖醋味茄盒；當然，如果你喜歡吃甜食，也可此在茄盒裡加白糖餡、棗泥餡、玫瑰餡等做成甜味茄盒。

只是，在這眾多的吃法裡，魚香味最複雜也最受歡迎。師父說：「以前還做過茄魚，端上桌一看以為是一條脆皮魚，結果是把茄子弄得像魚一樣，也只有四川廚師才會想到要這樣做菜。」就連胡廉泉也說：「那炸出來的茄魚，真的就跟脆皮魚一樣。那個時候想吃魚香味的就弄成魚香脆皮茄魚，想要吃糖醋味的就弄成糖醋脆皮茄魚。」真可謂「人生不過吃喝二字」，令人羨慕！

關於茄子的其他作法

中國最早記載茄子的典籍，是西漢末年王褒《僮約》。漢宣帝神爵 3 年（西元前 59 年），資陽人王褒買下奴僕，並立下《僮約》：「落桑皮棕，種瓜作瓠，別茄披蔥」；唐代段成式《酉陽雜俎》載：茄子，「一名落蘇」。段成式為山東人，這個記載說明茄子在唐朝已傳到了中國的北方，且還被叫做「落蘇」。

清代袁枚的《隨園食單》裡對於茄子的烹飪之法，也介紹有一二：吳小谷廣文家，將整茄子削皮，滾水泡去苦汁，豬油炙之。炙時須待泡水乾後，用甜醬水乾煨，甚佳。盧八太爺家，切茄作小塊，不去皮，入油灼微黃，加秋油炮炒，亦佳……這裡面所提到的「盧八太爺家」的茄子作法與北方的「燒茄子」相似，而裡面的「秋油」是指最好的醬油。

梁實秋在他的《雅舍談吃》裡，曾特地提到北方茄子的幾種吃法：「在北方，茄子價廉，吃法亦多。」「燒茄子」是茄子切塊狀，入鍋炸至微黃，入醬油、豬肉、蒜末急速翻炒入盤，此菜味道極美，送飯最宜；「熬茄子」是夏天常吃的，煮得相當爛，蘸醋蒜

▲ 茄子。

吃，不可用鐵鍋煮，因為容易變色。另外，茄子也可以涼拌，名為「涼水茄」。茄煮爛，搗碎，煮時加些黃豆，拌勻，燒上三合油（按：由香油、醬油、醋調配而成），俟涼後加上一些芫荽（香菜）即可食，最宜暑天食，放進冰箱冷卻之後更好。

川菜中關於茄子的吃法，就更多了：除了上文提到的茄餅、茄盒、茄魚之外，還有魚香茄子、家常茄子、醬燒茄子、紅燒茄子、醬香肉末茄子、清炒茄絲、蒜蓉茄子、蘸水茄子、涼拌茄子等。其中，蘸水茄子是四川人家中夏天愛吃的一道下飯菜。作法十分簡單：茄子蒸熟，按個人喜好調好蘸水（按：用多種調味料調製的醬汁）即可。

另外，醬燒茄子也是四川人常在家中做的一道家常菜，此菜醬香濃郁，鹹鮮微甜，在《川菜烹飪事典》裡有詳細作法：將嫩茄子去蒂，改象牙條，過油撈起。甜醬入油鍋炒香，加鮮湯、調味料和茄子同燒，待茄子燒軟和上色收汁後，淋香油起鍋裝盤即成。

在經過各種蒸、炒、燒、炸、溜之後，茄子還有一種吃法——醃製。對的，就是醃茄子。過程並不複雜，只須將準備好的茄子去掉蒂，用清水洗淨，上鍋蒸 10 分鐘，晾乾後將茄子對半切開不切斷，切好以後在茄子上面鋪一層蒜粒和鹽，把茄子合起來，放進一個密封的盒子，每放一層，在上面加一層食鹽，然後密封起來，放入冰箱中冷藏，24小時之後，便可食用。用這種方法醃製的茄子，放得越久越好吃，特別開胃下飯。還可以根據自己的喜好，加入花椒、辣椒、香菜等，一起醃製。

「炸溜」和魚香味最搭

說到魚香茄盒，我要著重提一下這道菜裡運用到的「炸溜」之法。

　　這「炸溜」為川菜烹飪技法中「溜」法之一。胡廉泉說，此法多用於魚、雞、豬等質地細嫩的原料。烹製時，先將原料醃漬上味（或烹熟），再裹上蛋豆粉或水豆粉，或不裹，然後放入旺火熱油鍋中略炸定型撈起。上菜時再用旺油炸一次撈起（如未裹茨炸一次即可，但要用旺火、旺油），或入鍋裹上烹好的醬汁；或置盤內，澆淋上醬汁而成，成菜有外酥內嫩的特點。如魚香茄盒、魚香八塊雞、荔枝魚塊、糖醋脆皮魚、魚香脆皮雞等。

　　「魚香茄盒就是一道典型的炸溜菜，製作流程中，講究先炸後溜，相互結合，是這道菜的一個重要特點！」師父說，炸溜菜在烹製的過程中要注意：糊要調製得濃稠一致，掛糊時要均勻；炸和溜的時候火候控制很重要，需要廚師熟練掌握；茨汁濃度要適宜，炒成之後要做到汁明茨亮；成菜後上桌需立即食用，否則外皮吸水回軟後，風味盡失。

　　我問師父為什麼魚香茄盒要採用炸溜之法？師父告訴我，採用此種作法並不僅僅只靠興趣，而是有因。其一，是因為茄子本身是個很普通的食材，粗菜細做可以發揮它不一樣的價值；其二，是因為運用「炸溜」之法來做，跟預想中的味道比較搭配。因為炸過後的茄盒表面比較乾燥，如果再裹上這魚香汁，會更加吸收醬汁濃郁的香味，這是燒茄子和炒茄子都達不到的效果。所以師父才會說，這「炸溜」之法和魚香味最搭！

　　胡廉泉對此與師父意見一致：「這茄盒還是與魚香味最搭。為什麼這樣說？因為魚香味是民間的一種味覺記憶，鹹辣酸甜的魚香汁與炸得酥脆的茄盒相互交融，實在是味覺的一大享受。」

　　前文我也提到過，「好菜簡單做」是烹飪技術的基本之法，「粗菜要細做」就需要廚師有較高的技藝，因為「細做」方能促使廚師研究烹飪技術並進步，從而讓技藝更加全面的提高。

　　可惜現在好多年輕的廚師，連基礎都沒有打好，又不到處去學習，永遠都是學徒時的那幾樣菜式，毫無進取之心。「這樣的館子，生意也好不到哪裡去。生意不好，老闆就要罵。被老闆罵後，就拚命搞出些新花樣。而且，他們往往以為用貴的食材就好吃，所以市面上才會出現『炸子雞炒蟹粉』、『珍珠鮑辣子雞』之類的菜……簡直是亂彈琴！」師父每每說到這些，心裡就很氣。

　　氣的同時，也為川菜的一些現狀惋惜。他常說，要創新的話，方法一大把。川菜作為味型最廣、形態多元的菜系，有著很強的靈活度。老一輩的川菜師傅留下了用之不盡的傳統川菜菜式，光是把這些學完，都夠用一生。

　　的確，我們應該先把那些傳統川菜，也就是川菜的基礎重新撿起來。把那些面臨流失或失傳的菜式重新做出來，只有在把基礎打扎實、打穩當了的前提下，我們才有資格來談創新。

螞蟻上樹

你吃的可能是爛肉粉條？

　　說起粉絲，有一道菜我們不得不提，那就是「螞蟻上樹」。

　　這粉絲又怎麼跟螞蟻扯上關係了？可能很多不了解川菜的人都會發出這樣的疑問。作為一道著名的傳統川菜，螞蟻上樹因附著在粉絲上的肉末，形似螞蟻爬在樹枝上而得名。所以螞蟻上樹這道菜裡並沒有「螞蟻」，有的只是成菜之後的形似而已。

關於「螞蟻上樹」的動人故事

　　螞蟻上樹這道菜具體的歷史已不可考，但在四川、重慶一帶，該菜很常見。

　　據說螞蟻上樹這道菜的菜名，跟關漢卿筆下的竇娥有關，這裡有一個動人的故事：秀才竇天章為上朝應舉，在楚州動身前將女兒竇娥賣給債主蔡婆婆做童養媳。既能抵債，女兒還有人照顧。於是，竇娥在蔡家孝順婆婆，侍候丈夫，日子還算過得去。

　　誰知沒過幾年，丈夫便患疾而亡，婆婆也病倒在床。竇娥用柔弱的肩膀挑起了家庭的重擔，她在為婆婆請醫求藥之餘，又想盡辦法變著花樣做些可口的飯菜，為婆婆調養身體，婆婆漸漸的有了好轉。為了給婆婆治病，家裡的積蓄被花得所剩無幾，家中經濟捉襟見肘，竇娥只得硬著頭皮到處去賒帳。

　　這天，竇娥又出現在肉攤前，賣肉的說：「妳前兩次欠的錢都沒有還，今天不能再賒了。」竇娥只得好言相求，賣肉的被纏不

過，切了一小塊肉給竇娥。

該做飯了，竇娥想，這麼點肉能做什麼呢？她思索著，目光落在了碗櫃頂上，那上面有過年時剩下的一小把粉絲。竇娥靈機一動，取下粉絲，用水泡軟，又將肉切成末，加蔥、薑下鍋爆炒，放入醬油、粉絲翻炒片刻，最後加青蒜絲、花椒粉起鍋。

躺在床上的婆婆問：「竇娥，妳做的什麼菜這麼香？」、「是炒粉絲。」話音剛落，竇娥便將菜端到婆婆床前。婆婆在動筷子之前，發現粉絲上有許多黑點，她瞇著老花眼問：「這上面怎麼有這麼多螞蟻？」當她知道其中原委，並動筷子嘗了一口後，不由得連連誇讚，還說，這道菜乾脆就叫「螞蟻上樹」吧……「螞蟻上樹」這道菜就此得名，並流傳至今。

如何做出一道正宗的螞蟻上樹

傳說畢竟只是傳說，師父對此不置可否，他告訴我，這螞蟻上樹是川菜中很老的一個菜餚，最初是做爛肉粉條，後來經過廚師改良，才成為今天我們看到的螞蟻上樹。

如果你最近胃口不佳，那可以試著做做這道根本吃不夠的螞蟻上樹。這道家常菜最迷人的地方，就是辣中帶香的粉條，讓人一口接一口的吃，根本停不下來，並且在不知不覺中輕易吃掉兩碗飯。這道菜的作法並不複雜，你只需要掌握好其中幾個要點，尤其是食材準備，如果食材準備得不好，在製作中就會耽誤程序，從而影響食物的口感。

首先，選好正宗的龍口粉絲（按：原產於中國山東省煙臺市的粉絲，非指臺灣同名品牌），**先用冷水泡 10 分鐘**，注意不是開水，而是冷水。**當用手感覺粉絲開始回軟時，用剪刀將粉絲剪成 20 公分左右的長度**。這樣做的目的，是為了成菜後食用起來更方

便。接著**撈出粉絲瀝乾水，再用開水發製 12 秒**（已經精確到秒了，相信老饕們一定可以發好粉絲了吧），**再撈出瀝乾水，加入冷水迅速沖至冷卻**。為什麼要這樣做？是為了避免粉絲回軟，在後續的烹製過程中產生軟斷現象。冷卻之後的粉絲，最後撈出瀝乾，整個泡粉絲過程就算完成了。

師父說：「你別小看這個過程，那可都是廚師們經過無數次的操作才總結出來的經驗。而要想做好一份正宗的螞蟻上樹，這泡粉絲是關鍵中的關鍵。」

粉絲準備好後，我們開始準備肉末。這**肉一定要用牛肉，而且要用牛的腿肉**。「我看現在飯店裡賣的，大都是用豬肉。」我提出心中的疑問。師父說：「用豬肉末沒有牛肉末吃起來香。而且用豬肉，就成了爛肉粉條，而不是螞蟻上樹。」

將牛肉剁細後，入鍋炒製。這裡需要加料理米酒（且料理米酒比平時炒肉的量稍多一些），並放少許鹽。加料理米酒的目的，一是為了去腥味，二是為了炒牛肉末時減少黏鍋的現象。將牛肉末慢慢炒散，直到吐油之時，迅速撈起至砧板上再次剁細，然後，鍋裡放少許油，再次倒入牛肉末炒酥，撈起，這牛肉臊子就算是炒好可以備用了。

這個時候開始準備其他配料，蒜苗切成花，蒜粒、蔥花、薑米切好備用。

接下來，鍋裡入油，將豆瓣剁細下鍋，加蒜粒、薑米，這裡蒜粒要比薑米多一些。同時，加少許蒜苗花炒出香味，如果顏色不好，可以適量加入醬油。待鍋裡開始吐紅油時，倒入備好的粉絲，並加入少許炒好的牛肉末，迅速將粉絲和牛肉末炒均勻，在起鍋之前將剩下的牛肉末倒入，再次翻炒均勻之後，裝盤，撒點花椒粉。一道色澤紅亮，粉絲鬆散，且幾乎每條粉絲上都黏有牛肉末的螞蟻上樹，就算是烹製成功了。

那麼，一道成功的螞蟻上樹有什麼判斷標準？

師父說：「**首先，色澤紅潤；其次，粉絲透明，且呈鬆散狀；第三，吃起來乾香回軟，吃完粉絲和牛肉末之後，盤子裡是不應該有一滴油或水的。**」現在外面的館子裡，好多廚師都把「螞蟻上樹」做成流湯滴水的「臊子粉條」。

就連車輻，在他的《川菜雜談》裡也說：「這螞蟻上樹是把牛肉剁碎成蒼蠅頭大小，才能炸成又酥又脆的『螞蟻』，得以黏在水粉上。這樣菜在過去華興正街的榮盛飯店、城守東大街的李玉興，就做得十拿九穩，大受歡迎，於今思之而不可得。」

這螞蟻上樹的烹製過程確實不複雜，但為什麼現在飯店裡的螞蟻上樹，就做成爛肉粉條或爛肉粉絲了？

「我記得，在 1960、1970 年代，那個時候的粉條是可以用油炸的，現在的粉條不能用油炸，一炸就斷，根本沒辦法拿來做螞蟻上樹。而且**做螞蟻上樹需要掌握好兩個關鍵，一是泡粉絲，二是炒臊子。**但現在好多年輕廚師，這兩樣都操作不到位，所以就出現了如此多的爛肉粉條和爛肉粉絲在飯店的席桌上。」胡廉泉說，這道螞蟻上樹是成都很早以前就有的一道家常菜，基本上跟回鍋肉的出現時間同步。那時幾乎每家都會做這道菜，為什麼現在沒有人做了呢？

因為老一輩的廚師們（這裡也包括一般人家裡的主廚）大都做不動了，而年輕一輩的廚師平時基本上沒有做過這道菜，現在的酒樓飯店裡吃到的，多半都有湯汁，並且肉末粗，基本上是黏不上粉絲……久而久之，螞蟻上樹便退化成了一道只有其名、沒有其形的菜餚。

怪不得，以前老是覺得這道菜有點「傷油」，根本沒有辦法像傳說中那樣，光是配著菜就可以吃掉兩碗白米飯。原來，以前我吃的都不是正宗的「螞蟻上樹」，而是油多的「爛肉粉條」。

　　師父還跟我講了一則關於螞蟻上樹的有趣故事，說有一次客人叫了一份螞蟻上樹，那天飯店的生意特別好，後廚裡的廚師忙得不得了，幾分鐘後，螞蟻上樹已上桌為客人享用。誰知，突然有食客站上了凳子，在幹什麼呢？正拿起筷子準備吃螞蟻上樹裡面的粉條，那粉條被食客這樣一夾，居然長一公尺多，立即引來堂內食客們前來圍觀……原來是後廚剛才做菜時忘記剪斷粉絲了。

為什麼一定要用龍口粉絲？

　　為什麼一定要用龍口粉絲？師父說，做這道菜除了泡粉絲之法需特別注意之外，選粉絲也是有講究的，一定要選用正宗的龍口粉絲，才能做出正宗的螞蟻上樹。

　　胡廉泉先生說：「龍口粉絲絲條勻細，純淨光亮，整齊柔韌，潔白透明，烹調時入水即軟，久煮不碎，吃起來清嫩適口，爽滑耐嚼，是烹製螞蟻上樹這道菜的首選原料。」

　　這龍口粉絲不僅是中國的傳統特產之一，其生產歷史還相當悠久。最早產地是招遠，據史料記載，明末清初，招遠人創造了綠豆做粉絲的新技藝。由於地理環境和氣候優勢，招遠粉絲以「絲條均勻、質地柔韌、光潔透明」而遠近聞名，以後逐漸發展到龍口、蓬萊、萊州、棲霞、萊陽、海陽等地。

　　1860 年，招遠粉絲開始集散於龍口港裝船外運，而龍口粉絲的出口最早可追溯到一百多年前。1916 年龍口港開埠後，粉絲運往香港和東南亞各國，這時招遠、龍口生產的粉絲，絕大多數賣給龍口粉絲莊，龍口成為粉絲的集散地，因而得名龍口粉絲。其因原料好、加工精細、品質優異，被稱為「粉絲之冠」。

　　利用澱粉加工粉絲，在中國至少已經有一千四百餘年的歷史。民間雖有孫臏發明粉絲的說法，因無文字記載，不能為據。北

魏賈思勰所著《齊民要術》中記載，粉英（澱粉）的作法是「浸米、淘其醋氣、熟研、袋濾、杖攪、停置、清澄。」宋代陳叟達著《本心齋疏食譜》中寫道，「碾破綠珠，撒成銀縷」，十分具體的描述了綠豆粉絲的作法。

據明代李時珍《本草綱目》記載：「綠豆，處處種之。三四月下種，苗高尺許，葉小而有毛，至秋開小花，莢如赤豆莢。粒粗而色鮮者為官綠；皮薄而粉多、粒小而色深者為油綠；皮厚而粉少早種者，呼為摘綠，可頻摘也；遲種呼為拔綠，一拔而已。北人用之甚廣，可作豆粥、豆飯、豆酒，炒食，磨而為麵，澄濾取粉，可以作餌頓糕，蕩皮搓索，為食中要物。以水浸溼生白芽，又為菜中佳品。牛馬之食亦多賴之。真濟世之良穀也。」其中的「搓索」就是指做粉絲。

炒粉絲是四川家戶人家常吃的菜餚。粉絲通常分為粗細兩種，吃法也是各不相同。粉絲因含豐富的澱粉，且與各種蔬菜、海鮮、魚、肉、禽、蛋等都能搭配出許多菜餚，所以十分受廚師們（無論是飯店裡的廚師，還是家庭裡的主廚）的喜愛，春夏秋冬皆可食用，可涼拌、熱炒、燉煮、油炸⋯⋯除了螞蟻上樹、爛肉粉條外，「粉絲家庭」的其他菜餚還有：涼拌粉絲、酸辣粉絲、捲心菜炒粉絲、香菇肉末粉絲湯、肉末粉絲煲、蒜泥粉絲等。另外，我們常吃的海鮮如蝦、扇貝、蛤蜊等都喜用蒜蓉粉絲之法入菜。

人們常說，最美味的往往最家常，而最家常的往往最難得。在很多人的眼裡，食物其實不僅僅是美味，更是一份味覺上的情感記憶。那些兒時記憶裡最美的味道，隨著歲月的流轉，慢慢沉澱，日漸豐滿⋯⋯最後，變成心底最柔軟的一部分。

魚香肉絲
「魚香」而無魚

　　與回鍋肉、宮保雞丁、麻婆豆腐等耳熟能詳的菜一樣，魚香肉絲亦是一道非常經典的川菜，幾乎人人愛吃，家家會做。

　　然而一個奇怪的現象卻是，如今成都大大小小餐館炒出來的魚香肉絲，不是質地粗老、味道不正，就是配搭不當、用油過多。針對這個問題，師父他老人家感慨道：「人人口中有，個個心中無。」

你吃的魚香肉絲正宗嗎？

　　「一盤魚香肉絲一上桌搭眼一看，不是用二刀肉的，叉叉；青筍和木耳是標準配菜，多一樣、少一樣，叉叉；加豆瓣加花椒，更要畫叉叉。」師父說。

　　「為什麼一定要用二刀肉？」我問。

　　師父答：「只有肥三瘦七的二刀肉，炒出來的肉絲才會滋潤爽口。現在許多餐廳的廚師都是用里肌，少了肥肉的中和，魚香肉絲中的肉吃起來發柴，缺少爽滑細嫩的口感。」

　　「青筍和木耳是標準配料，這怎麼理解？」我繼續問。

　　師父答：「傳統的魚香肉絲，配料上都是選用青筍加木耳。後來，有些餐館也用玉蘭片加胡蘿蔔和木耳。這用材的不同，也會帶來成菜後魚香味的微妙變化，一般人吃起來可能覺得並沒有什麼不同，但在內行看來，還是有差別的。差別在哪？就在青筍的清香

上面。」

我又問：「那為什麼也不能加豆瓣和花椒？」

師父答：「豆瓣用在家常菜裡是不錯，許多家常菜都靠豆瓣來定義，只是**魚香肉絲及整個魚香味型的菜口感獨特，若真加了豆瓣，既不屬於魚香味，家常味的特徵也不夠明顯**。也就是說，豆瓣會掩蓋好不容易調出來的魚香味，因此，魚香味裡沒有豆瓣才是對的。至於加花椒，那就更是離譜，魚香味不需要花椒去穿插，因為**花椒會對魚香味型產生一定的破壞作用**。如果非要加花椒進去，那它就不是魚香，而成了五香！」

師父的一席話令我茅塞頓開。接下來，我們就來說說這道菜的具體作法。首先，照傳統的作法，**一定要選擇「肥三瘦七」的二刀豬肉**，肉選好後，切成二粗絲（按：約 8－10 公分長，0.3 公分見方），加入鹽、水豆粉碼味。

第二步，準備配料。這道菜的配料主要有青筍、木耳。青筍去葉、去皮後，切成二粗絲，抹鹽；木耳則先用開水發泡，然後洗淨，切絲，裝盤待用。其中，青筍在下鍋前，需要將抹的鹽沖洗掉，時間不宜過長。蔥、薑、蒜等切成細粒，泡辣椒剁茸備用。

待一切準備就緒，下油燒至六、七成熟，便將肉絲下鍋煎炒。炒魚香肉絲時還要注意的是，下鍋後用鍋瓢將其撥散，注意不能使勁去翻弄它，因為一翻弄就會脫芡，影響口感。待肉絲散籽發白時，再加入泡辣椒茸、薑蒜細粒繼續炒至吐紅，然後將青筍、木耳一起入鍋合炒，隨即將提前兌好的醬汁（由白糖、醬油、醋、蔥花、水豆粉、鮮湯調製而成）下鍋，迅速翻炒裝盤。一道正宗的魚香肉絲便可任食客享用了。

「若每個環節都做得非常到位，你會發現，魚香肉絲裡會慢慢吐出些許油來，像我們期待的那樣，散籽亮油。這『散籽』是指改刀後的丁、片、絲、條等形態的食材，在成菜出鍋裝盤時，食

材間不沾黏連在一起，呈散落狀。而這『亮油』是有標準的，即『一線油』，也就是微微滲出來，圍著整個成品一圈，但只有一條線的寬度，達到油潤而不油膩的效果；多了、少了，都會被認為技藝不到家。」師父說，傳統川菜中的炒菜都有這樣的要求，不過，現在沒幾家川菜館子講究這個了，能做得好的餐廳，在成都本地也不多。

魚香肉絲也是廚師考級的必選菜之一。它的味型調製難度較大，就拿這魚香芡粉醬汁來說，是以白糖、醬油、醋、蔥花、水豆粉、鮮湯調製而成。但若不是熟練操作，精準調好配比的話，稍不注意就會非甜即酸，魚香味全無。所以做此菜時，調味料的比例很考究，十分考驗廚師的技藝。

「魚香」的由來

如此受歡迎的魚香味，究竟從何而來呢？

民間流傳較廣的一個故事大概是這樣的：很久以前，有位家庭主婦備好了做魚的材料，但發現家中沒魚了，於是用這些料烹製其他食材，結果丈夫吃了大加讚賞，達到了出其不意的效果。

由此一來逐漸得出了一個公認的說法，**魚香之所以稱之為魚香，是因為用了烹魚的調味料來烹製其他食材**。師父說，從味覺的角度分析，魚本身沒有香味，只有腥味，但人們將蔥、薑、蒜等佐料加以運用後，便賦予這魚另外一種香味，這種香味屬於複合型，人們給它定了一個親切的稱呼——魚香味。

魚香味被正式列入川菜食譜的歷史並不悠久，在追溯這段歷史時，我曾翻閱過 1909 年出版的《成都通覽》，其中收錄了 1,328 種川味菜餚，尚沒有一味是「魚香味」。胡廉泉說：「我曾請教過出生於 1914 年的前輩華興昌師傅，問他在當學徒時，館子

裡是否做過或見過魚香味的菜？他的回答是否定的。但是在他老人家的記憶裡，那時民間有做魚香油菜薹，至於這道菜是怎麼來的，華師傅也不太清楚。」

　　以前的一般人家吃魚已屬難得，剩下的湯汁自然捨不得丟

棄，於是再加點菜繼續烹飪，就又做出一道菜來。因此，胡廉泉跟師父一樣，都比較傾向於認為，魚香味是來源於民間烹魚的一種調味方法。

以前，人們烹魚的時候用薑、蔥、蒜以避其腥，加泡辣椒、鹽、醋、糖等以增其味。於是，「一種鹹辣酸甜兼備，芳香氣味濃郁」的新味型就此產生。後來廚師用這些調味料來烹製其他菜餚，收到了意想不到的效果。為別於其他，就據其來源，把凡用此法烹製的菜餚，都冠之以「魚香」二字。

有一陣子，成都居然出現過餐館特地掛上「魚香肉絲真的有魚」的噱頭來炒作的現象。這時，王旭東插話說：「我見過有人把鯽魚放進泡辣椒的罈子裡，稱這種泡辣椒為『魚辣子』，而燒魚一定要用魚辣子，這也算是對『魚香』二字的膚淺解讀吧。」

在這，我們便來說說魚香味最重要的調味料之一——泡辣椒。

說起泡辣椒，不得不提成都的泡菜大師溫興發（1907 年－1977 年）。在他身後四十多年，同行們依然念念不忘的便是他那手不變形、不過酸、不進水、不走籽、不喝風、不過鹹，色香味美、形色俱佳、口碑甚好的泡辣椒。

每年 7、8 月，無論是飯店後廚的人，還是四川家戶人家主廚之人，他們都很忙，忙什麼？忙著做泡辣椒。選辣椒的時間很關鍵，進了頭伏（按：三伏中的初伏。從夏至後第三庚日算起，是一年中最熱的時期）就開始找辣椒，頭伏、二伏的較好，一定要在三伏之前下入泡菜罈子裡。

辣椒品種以四川本土產的二荊條最佳，新鮮硬實、無蟲傷腐爛。泡辣椒的鹽，一定要用川鹽，只有川鹽才能保證氯化鈉含量夠高。所用的罈子只能用來泡辣椒，不能泡其他食材，不然容易產生雜菌。據我所知，大多數成都人家裡都有兩個泡菜罈子，一罈用來泡辣椒，一罈用來泡些薑、青菜什麼的日常配料。

　　雖然泡辣椒很重要，但任缺一味或任多一味，做出來的味道都不能叫魚香。師父就曾經說過：如果臨時發現家裡只有蔥、薑，沒有蒜，建議就不要做魚香味。

　　現今許多食客對於魚香味概念大都停留在魚香茄子、魚香肉絲等熱菜系列上，而殊不知，也有許多冷菜是魚香味的，比如魚香青豆、魚香豌豆、魚香蠶豆、魚香花仁、魚香腰果等，均屬於佐酒佳菜。

　　「將魚香味用於拌菜的歷史，只有 20、30 年的時間，而且品種還僅局限於豆類、果類原料上。截至目前，還沒有人衝破這個框框，也就是說，現在做的魚香味冷菜，還未發現有人是用其他的原料。」當胡廉泉說到這個現象時，我想起了每到夏天就能吃到的「激胡豆」（按：激是指作法，類似於漬），這道菜可算是魚香味的雛形，不僅可以下酒，還可以用其剩下的汁水拌飯，美味可

口。那麼，這魚香味的冷菜與熱菜究竟在本質上有何不同？

胡廉泉說，**冷菜的魚香汁不同於熱菜的魚香汁**，主要表現有兩點：「**一是冷菜魚香汁的調味料不下鍋**，而熱菜魚香汁的調味料是要下鍋的；**二是冷菜的魚香汁不用芡粉**，而熱菜的魚香汁則需要用芡粉。」從這個角度來說，冷菜裡的魚香味佐料沒有經過高溫，質地不受破壞，這就使得其風味更醇、更濃、更香。

「以前的老師傅們在烹製魚香味時，非常注重薑米與蒜米之間的比重，一般來講，他們採用的是 1：2 的比例，即一份薑、兩份蒜。因為他們在實踐的過程中意識到，蒜的作用是去魚腥味，因此後來也就有了大蒜鰱魚、大蒜鱔魚等菜餚。」胡廉泉曾反覆強調一個觀點：學川菜烹飪，與其一道菜、一道菜的學習，還不如學習川菜的調味，若把川菜的調味弄明白了，那也就算是學到了川菜中的精髓。

比如魚香味的菜餚，只需要把魚香味的調味料構成、搭配比例、調製要領、適用範圍等先了解清楚，把味道弄準確，冷菜怎麼調，炒菜與燒菜怎麼調等，在這些基礎上再稍加靈活調整，就可以製作出許多魚香味型的菜來。

到目前為止，魚香味系列菜餚已發展至上百種之多。幾乎每天各家餐館、每家每戶成都人家，都會烹製一道魚香味的菜餚，不管是魚香肉絲也好，魚香茄子或是魚香油菜薹也罷⋯⋯人人口中都在吃著魚香味的菜，但魚香味的真相卻在人們心中漸漸模糊。我總算理解了師父所說「人人口中有，個個心中無」這句話的真意。

消失 30 年的「小煎小炒」正在回歸

當我以尋味的角度重新審視魚香肉絲這道菜時，就發現這道菜不僅是川菜魚香味最具特色的代表菜，同時也是川菜烹飪技法「小煎小炒」（川菜中急火短炒，臨時兌汁，不過油，不換鍋，一鍋成菜的烹飪技法）的代表菜之一。

「小煎小炒，無論從火候還是時間上來看，要求都非常高；而對於油的用量，也要求必須一次放準。」胡廉泉說，這**小煎小炒往往不以分計，而以秒算**。到底它的成菜速度有多快呢？以炒一個單份菜計，所用時間大概在 25 秒到 35 秒之間。

胡廉泉先生想起他曾經親歷的一件往事：大約在 1973 年前後，成都商業部門辦了一次技術表演，其中一個節目是由 3 個廚師表演的「殺雞一條龍」。第一個廚師負責殺雞、褪毛、去腹、清洗，交由第二個廚師取下一隻雞腿帶半個雞柳，去骨宰成雞丁，最後交給第三個廚師，將雞丁碼味、碼芡，下鍋炒成宮保雞丁。整個過程用的時間是 4 分 26 秒。

就最後一個程序看，炒雞丁所用時間還不到 20 秒，如果加上

先前兌醬汁和燒油的時間，也不過就是 30 秒左右。「小煎小炒」這一連串的動作，便是在這短短的幾十秒內完成的，堪稱一門絕學，「爐火一開，掌勺的只有一次機會。」師父說。

以前在成都，「小煎小炒」（常見代表菜餚有：魚香肉絲、宮保雞丁、火爆腰花、回鍋肉、鹽煎肉、肝腰合炒等）因其物美價廉、成菜迅速、風味多樣而廣受歡迎。一些外地來蓉的食客，大都是透過小煎小炒這類菜來認識川菜的。令人遺憾的是，儘管目前成都的各家餐館，也還賣一些炒菜，但端出來的菜已是「今非昔比」。對於那些曾經的美味，人們只能將其留存於記憶之中。

面對如此現狀，師兄張元富在他開設的餐廳進行了一些「小煎小炒」的嘗試。他說：「川菜之所以用小煎小炒，就是要運用急火短炒讓菜餚留住新鮮和營養。而且，成菜才會有散籽亮油、統汁統味、質嫩爽滑的特點。」元富師兄除了按《川菜志》把式訂製鍋之外，還設左、中、右三口湯鍋，專門用來吊湯。頭湯、二湯、原湯，都在這三口鍋中熬製。「廚師們早上一來就開始吊湯，用湯來替代雞精、味精提鮮，最大化的接近原生態。」

我明白，元富師兄要用這樣的方式守住，並傳承川菜最具特點的「小煎小炒」烹飪技法。

7
PART

「吼搭」時的
好酒伴

乾煸魷魚絲
最佳下酒菜

美食家車輻曾打了一個比方：「廚師好比文學創作的作家，美食家則可看作是搞文學評論的評論家，兩者互為因果。」

這裡的廚師所掌握的烹飪的高超技術，是遠非美食家所能做到的。而美食家對於品味，就不僅僅在於吃什麼、什麼好吃，更重要的是如何去吃！

真正的美食家，要善於吃，善於談吃，並說得出道理來，最後還要善於總結。李眉在談及他父親李劼人時說：「我認為父親不單好吃會吃，更重要的是他對食文化的探索和鑽研。」無論是李劼人還是車輻，他們之所以被稱為美食家，其主因大概在此。

寡酒難吃

既然說到「乾煸魷魚絲」這道下酒菜了，那麼我們就先來說一說關於下酒菜的一些講究。

在中國，無論是北方還是南方，人們喝酒的時候幾乎都要有下酒菜。而酒文化，也是中國人悠久的文化傳統。沒事喝上兩口小酒，或獨酌，或邀三五好友同飲，再吃點下酒菜，那可真是快哉美哉！

俗話說：寡酒難吃。啥意思？光喝酒，不吃點東西的話，就會有點單調無味，且會對腸胃造成很大的刺激。而且，對於酒量不好的人來說，還很容易喝醉，因此，很多人習慣喝酒時再吃一些下

酒菜。

可以用作下酒的菜非常多。簡單一點的如鹽煮花生、酥黃豆、毛豆乾兒、五香豆腐乾、沙胡豆等；講究的如麻辣牛肉乾、滷牛肉、臘肉香腸、拌兔丁、熏魚條等一系列葷菜；或者怪味花仁、醬桃仁、收豆筋（按：豆皮）、涼拌三絲等一眾素餚。

眾所周知，酒的主要成分是乙醇，進入人體在肝臟分解轉化後才能代謝，這樣喝酒就會加重肝臟的負擔。所以，講究的廚師在研究適合用來下酒的菜時，會適當選用幾款保肝食品。

另外，常聽醫生朋友說，酒水入腸，會影響人體的新陳代謝，身體容易缺乏蛋白質。因此，下酒菜裡應有含豐富蛋白質的食品，比如，這道乾煸魷魚絲裡的魷魚。

其實說到下酒菜，我們印象最深刻的莫過於茴香豆了。讀書時學過的一篇課文，魯迅筆下的孔乙己喜好喝酒，「溫兩碗酒，要一碟茴香豆。」、「有酒無菜，不算怠慢，有餚無酒，拔腿就走。」說的就是酒與菜餚的「血肉關係」。

「有餚無酒」一般是不能稱其為宴飲的，加之歷代文人墨客的渲染，使得下酒菜更成了必不可少的菜餚。其中最會找理由喝酒的，要數李白這位大詩人，他寫道：「天若不愛酒，酒星不在天。地若不愛酒，地應無酒泉。」而李商隱為了喝酒可以「美酒成都堪送老」！此外，說到吃的藝術，四川就有宋代鼎鼎大名的美食家、造酒試驗家蘇軾先生，以及清代的才子李調元。

以火候見功夫

「這乾煸魷魚絲常用於宴席，它還有一個名字叫『乾煸金耳環』。」師父說，關於「金耳環」還有一段故事，他是聽張懷俊老師傅說的：某店有一位廚師，在切魷魚絲時因為沒有弄清楚

橫順，煸出來的魷魚捲曲呈環狀，他不好跟客人說是「乾煸魷魚絲」，於是就給它取了「乾煸金耳環」這個名字。

「另外，這道菜還是曾國華曾大爺的拿手菜之一。」師父在開始講菜前補充道。

做這道菜的第一步，就是選乾魷魚。要求選用大張、體薄的乾魷魚（選擇魷魚，應以對光照時可見透明、淡黃色為好）去骨和頭尾。由於魷魚比較硬，一般須在小火上稍微烤一下，魷魚受熱之後就變軟，這個時候便可開切，把魷魚頭去掉，並將魷魚開片後再橫切成細絲。接著可以開始準備輔料。

把黃豆芽的根和芽瓣掐掉，只用中間的稈。「記得我在美國做涼拌雞絲時，就是選黃豆芽。」師父強調，黃豆芽一定要掐掉兩頭。然後，再準備一些肥瘦相間的豬肉，切成 5 公分長的細絲。接下來準備薑絲、泡辣椒絲、蔥白絲等輔料。

輔料準備好之後，把魷魚絲統一切成 6 公分長。俗話說，**「橫切肉片，順切絲」**，這是一般的用刀原則，但**切乾煸魷魚**卻須反其道而行之，**要橫切成絲，破壞其纖維結構，以免受熱後老綿頂牙**。這裡有一點值得注意，魷魚橫切成絲成菜之後，並不會捲曲如「金耳環」，只是微微有點捲。

魷魚絲切好之後，就要開始下鍋煸炒了。

「這乾煸菜餚以火候見功夫，在整個烹製過程中要多次變換火候。操作時要求手法靈活，右手持勺要不斷**翻炒**鍋內原料，左手提鍋要不斷顛鍋，使原料受熱均勻。」師父再次說起翻炒時顛鍋的技法，並一再強調，「**翻炒**還要根據原料不同的質地，運用火力時徐時疾，以使其脫水程度恰到好處。煸而不乾即名不符實，乾若枯柴則風味全失，正確的掌握好火候，以使菜餚達到酥脆的口感，實屬不易。」

所以，煸炒要求火旺，油滾燙，翻動要快。煸炒時以七成油

溫（按：約 200 度左右）為宜，此時鍋內油面開始冒青煙，魷魚絲入鍋後因油傳熱快，會有劈里啪啦的爆油聲，這是魷魚在膨化起小氣泡。魷魚表層很快凝固形成焦膜，阻止了內部水分的滲出，從而保證了菜餚外脆內韌的口感。「注意，當魷魚絲開始捲縮時，迅速潷油，鍋裡只留少許油，快速加入肉絲，與魷魚絲一起煸炒。」

為什麼不直接倒出魷魚絲，單炒肉絲？師父說：「其實，要的就是用肉的水分，對魷魚進行回軟。不然，魷魚會乾、硬。」然後，加入料理米酒烹製，翻炒幾下，便把鹽、胡椒、薑絲下鍋，去掉腥味。這個時候，切忌在鍋內久煸，否則魷魚在高溫下質地乾

瘔，綿老而嚼不動。

在乾煸魷魚絲這道菜裡，薑絲是很關鍵的。它既能為這道菜帶來香氣，也能去掉魷魚的腥味。隨後，稍微加點白糖，鹹中回甜，但又吃不出甜的味道。這裡，放糖的目的，既有增鮮提味的作用，也讓這道菜吃起來不會覺得「死鹹」（吃到最後都是鹹）。這時便可加入豆芽了。

豆芽入鍋後，翻炒兩下，加入泡辣椒絲、蔥白絲，滴點香油後起鍋。裝盤後的魷魚絲色澤金黃，豆芽白裡透嫩，泡辣椒紅亮鮮豔。這三種顏色的搭配，讓這道菜從視覺上即勾起食客的食慾。吃起來，豆芽脆嫩，肉絲鬆嫩，魷魚絲乾香，十分宜於佐酒下飯。

在川菜中，乾魷魚入菜，一般都是先用鹼水漲發，使其柔嫩，再用燒、燴、爆等技法，配以鮮味原料和上湯，成菜上桌。但此菜烹製卻一反常規，巧施刀工和火候，運用川菜特有的「乾煸」之法，以酥制乾，以鬆制韌，直接用乾魷魚切絲下鍋，再配上細嫩鮮爽的豬肉絲和黃豆芽，使成菜具有色澤金黃、綿韌酥鬆、乾香味長的特點，在眾多的魷魚菜中獨樹一幟。

「乾煸」依然要用油

「煸」在其他地區稱為生煸或煸炒，僅把它作為烹調中的一個環節。但川菜卻把「煸」與「乾」連結在一起，把乾煸作為一種獨立的烹調技法運用。

「乾煸」一詞也準確形象的點出了它的特點，即菜餚原料要「乾」至脫水，達到酥軟乾香，是一項難度較高的烹製方法。需將經刀工處理的絲、條、丁等形狀的原料，放入鍋中加熱翻炒，使其脫水致熟，並具酥軟乾香的特點。乾煸菜主要運用中火中油溫，且油量較少，原料不上漿碼芡，加熱時間較長，且需將原料煸炒至見

273

油不見水時，方加入調製的輔料烹製成菜。

而乾煸的原料，除了結構較緊密的乾魷魚之外，川菜廚師們還常常取用肉質纖維較長的豬、牛、羊瘦肉及雞、鴨、鱔魚等食材，成菜後酥、乾的外在口感之下，其內在質地給人的基本感覺仍然是軟。另外，蔬菜中質地鮮脆、含水分較少的冬筍、苦瓜、蕓豆（四季豆）、黃豆芽、土豆、茭白筍等也適合乾煸烹製，成菜後吃起來就是脆的感覺。此外，乾煸菜的調味葷素有別，葷料多用麻辣味，素料一般是鹹鮮味。

「乾煸，有些地方又叫乾炒。乾炒給人的感覺，是鍋裡沒有油。其實不然，**乾煸也是要用油的，只是用油不多。同時，烹製的時間相對要長一些，火力不能太大，宜用中火。**」胡廉泉在《細說川菜》一書裡對乾煸有過詳細的介紹。

近年來隨著烹調技術的發展，廚師的時間觀念增強，對乾煸技法做了一些改進，一般都過油後再煸炒。這樣加快原料的脫水速度，縮短烹製時間，提高工作效率，並基本保持了乾煸菜乾香、酥軟、滋潤、味厚、回味悠長的特點。而經過脫水，還有利於原料初步成形，避免煸製過程中損傷原材料的形狀。如不進行過油脫水處理，直接乾煸，不僅耗費時間，且原料還易煸爛。

「凡乾煸的菜式，一般都要求用油適量。這適量的程度是，當菜裝入盤中時，不見油脂溢出。如果滿盤子都是溢出的油，那肯定是油用多了。」師父說乾煸菜裝盤後，給人的視覺效果，一定是乾酥乾酥的，因為它不加湯，油少。

「這輔料，我看也有人用綠豆芽和冬筍。是不是還是要用黃豆芽才合理一些？」我問師父。

「還是要用黃豆芽。綠豆芽水分多，不易煸炒。至於冬筍那又是另一種味道了，這個要看個人喜好。為什麼說用黃豆芽最好？前面我也說過，乾煸蔬菜裡，不就有乾煸黃豆芽這道菜嘛！不

過關鍵還是要看你的魷魚絲煸得怎麼樣。」

乾煸魷魚絲搭黃酒最對味

　　我曾經有幸吃過師父做的這道乾煸魷魚絲，但吃後總覺得鹹鮮味還是偏清淡。我想，這或許就是這道名菜點菜率低的原因之一吧。

　　車輻曾經說過，乾煸魷魚絲是一道適合下黃酒的菜。這也恰恰驗證了我之前的感覺。如果這道菜的味型再飽滿一點，是不是就

更加適合拿來配我們平時愛喝的白酒了？

「師父，我們可不可以自己配製點五香醬，與此菜一同上桌呢？食客可以根據自己的需要來選擇，這樣既增加了這道菜的複合味，也更適合用來下白酒？」我把心中的疑問說了出來。

「弄五香醬也未嘗不可，可以增添這道菜味型的飽滿度。但不要把五香醬直接入鍋與菜同炒，還是要保持它傳統的味道。現在，一般的餐館基本上沒有這道菜，就連當初我在榮樂園，也只是作為示範菜，很少有食客點這道菜。在推廣上，或許我們應該想想具體要怎麼做，才能讓這道菜又在『街上』走起來（流行）啊！」師父對於川菜中很多傳統菜餚，如今已難在宴席菜單上見到而感到惋惜。

傳統川菜的普及，表面上看起來很熱鬧，但真正說得中肯能用的不多。美食之美，除了味覺的享受之外，不乏視覺的愉悅。沒有賞心悅目之感，再美的味道也會黯然失色。如果這道菜改創成功了，又該如何引導？記得師父曾說過，川菜大師黃敬臨就很善於跟食客溝通。每每一道新菜出來，他總愛坐於席間，為食客們（主要是當時的達官貴人、文化名人）一一講解菜的原料和製作，也在吃法上引導他們，讓他們在吃的同時知道菜背後的故事，從而獲得精神上的享受。

一道美味，就像一組密碼。吃時不僅可以感知自然的造化、巧妙的配比、火候的拿捏，甚至還能感知背後的故事⋯⋯。

牛肉乾

是菜，也是休閒零食

「吃這道菜時一定要細細咀嚼，不能像其他菜一樣大口吃。細嚼慢嚥，才可以品味出其中的滋味與妙處來。」師父端著一盤麻辣牛肉乾朝我走來。

眼前這盤深褐色、點綴著粒粒白芝麻的麻辣牛肉乾，看上去油亮油亮，老遠就聞到一股特別的牛肉香。拈一塊入口，嗯，鬆散、柔韌、綿軟化渣，一點都不費牙。細細品味，麻、辣、鹹、香，略帶回甜，乾而不燥，回味綿長，脣齒間有種乾香的餘味久久不散。師父說，如果吃到嘴裡「乒乒乓乓」的頂牙齒或咬不動，就說明這道菜不成功。

老成都印記裡的移民美食

說實話，起初，我對師父煞有介事的將麻辣牛肉乾當作一道菜端上席桌，並沒有表示出足夠的重視，因為我覺得這個東西隨處可見，太過普通，且多是以袋裝或禮盒出現在各種賣場裡，充其量不過是個零食而已。直到聽師父講了有關它的故事和製作過程，才對這小小的麻辣牛肉乾有了全新的認識。它不僅堪稱一道經典傳統川菜，還承載著老成都的近代移民史。

沒錯，麻辣牛肉乾最初的確只是一種小食品，小食品就是所謂的小吃、零食，用成都人的話來講，是用來吃著玩的，不是拿來下飯的。如燈影牛肉、夫妻肺片、拌兔丁等都是如此。胡廉泉分

享說，他在整理清末民初的川菜資料時，好像還沒有麻辣牛肉乾這一菜名，只是在《成都通覽》的「肉脯品」裡，有一道叫「乾牛肉」的食品，沒有作法，因此不能肯定與麻辣牛肉乾是同樣東西。他認為這道菜最多也就 70、80 年的歷史。

按理，從飲食結構來說，豬肉才是四川人的首要肉類食物，可為什麼會有一些人也喜歡吃牛肉製品？

師父說，以前成都的牛肉價格比豬肉低，牛被拉到殺牛巷宰殺後，只取其肉，其他的都被丟棄，從某種意義上說，這並未物盡其用，是一種浪費。縱觀歷史，成都平原經歷了無數次的移民潮，其中以明末清初的規模最大。在清朝修建的皇城一帶，除居住著滿族人外，還有數量不少的回族人。他們給成都帶來了諸多飲食上的不同。特別是回族人的主要肉類食材就是牛肉。

　　成都的回族人製作的「清真食品」不僅充實了成都的餐飲市場，而且還豐富了川菜的內容。與肺片、怪味雞、麻辣兔一樣，麻辣牛肉乾最初可能也是作為小吃、小食品而行市的。

　　成都的小吃，不僅僅只有糕點、麵團，還包括諸多肉製品，如牛肉、魚肉、兔肉等。許多小吃最早都是商販提籃，或者挑擔沿街叫賣，很接地氣。

　　「許多平民百姓要養家糊口，但只要他們把一樣食品做好，就足以養活一家人。小時候，我總愛到賣燒臘的酒鋪，去買 5 分錢的醃牛肉，切成一節拿在手裡慢慢撕著吃，即所謂的零食。」

　　聽師父動情的回憶他小時候的生活，彷彿將我帶入到 1950 年代的老成都。這些故事不僅是師父的記憶，也是許多老成都人的生命印記。

「白滷」而非「白煮」

　　成都平原和周邊丘陵地區產黃牛和水牛，但**製作麻辣牛肉乾的肉主要選擇黃牛的牛腱子肉**。師父告訴我，水牛肉色澤偏黑，黃牛肉呈鮮紅色，色澤會更加好看，牛腱子裡面有筋，穿插在牛肉裡面，與牛肉纖維結合在一起，有嚼勁。

　　腱子肉，實際上就是腿子肉，長在牛腿上，具有瘦肉多、筋少的特點，有了這部分筋，可以增加牛肉乾的口感和彈性。師父說：「牛腱子肉滷製出來，切開，可以看見牛筋與牛肉完美搭配著，那略帶透明的牛筋像繡花一般鑲嵌在牛肉上，很好看，在品嘗時，這牛筋也有著屬於自己的獨特香味。」

　　這道菜製作的第一道工序並非將其煮熟，而是像做夫妻肺片一樣，要放置到大鍋裡白滷，將肉滷軟至筷子戳得動時（這個過程大概需要一個半小時），拿出來晾乾，再進行下一步。這是現代年

輕廚師在做麻辣牛肉乾時，容易忽略的一個重要環節。白滷和白煮，是兩個截然不同的概念，唯有用白滷，才能使這牛肉乾的味道更濃更香。

那什麼叫白滷呢？

胡廉泉先生解釋說，行業內對於滷製技法有「紅滷」和「白滷」之分，**紅滷帶色**，譬如滷鴨、滷豬肉，滷出來的東西帶棕紅色。**白滷不帶色**，它也不需要帶色，譬如滷牛肉、滷牛雜等，食材本身顏色就比較深，如果再紅滷，出來的顏色豈不是更深？

你也許會問，那牛雜肺片為什麼也是白滷呢？因為肺片滷後還要拌。如果紅滷，那拌出來的顏色就不清爽。但是雞可以紅滷，也可以白滷，那得看需求。紅滷之所以出現色，是因為用了糖色，白滷不用糖色，但一樣用香料，滷出來的東西是鹹鮮味。

回過頭來繼續說說製作。待滷牛肉晾冷以後，用刀將其切成厚片，約筷子頭粗細或更粗一點，再切成條，一寸長短就好。「這道菜入口會越嚼越香，讓人回味無窮，是佐酒的佳餚，但是要記住，**一定要用橫刀切**，避免順筋咬不動。」師父補充道。

滷好的牛肉切成條以後，要根據肉的多少，在鍋中加入適量的油，燒熱，然後將肉放下去炸，將裡面多餘的水分炸乾，直到表層起乾殼；隨後在鍋裡留一點油，蔥、薑下鍋混合著炒香，然後再冷湯下鍋，將肉蓋住，順便嘗嘗鹽味是否合適，接著用小火慢慢收汁，待汁快要收乾時，加一點糖進去，直到鍋裡的水收乾，這點很重要。胡廉泉就曾在《細說川菜》裡強調，這汁到最後一定要收乾，油和糖要稍微放重一點，油重，菜才不容易壞，糖重，可以緩解菜中的辣味。

這樣一來，牛肉就已經咬得動了。接下來將辣椒粉、花椒粉放入鍋裡，若油少了，也可以再適量補充一點點，繼續翻均勻；有些廚師也直接拿紅油、花椒粉和辣椒粉拌勻。不管用哪種方式，都

需要將牛肉晾冷，然後撒上炒熟的芝麻，這道菜才算大功告成。

　　原來一個不起眼的小零食，居然也是經過這麼繁雜的工序才得以完成，我不禁對它刮目相看。好在，因為收乾了水分，所以麻辣牛肉乾非常便於儲存，可以大量生產，師父說以前在餐館，都是一次做幾斤甚至十幾斤，節省了很多時間和人力成本。

　　可是，我們在說到麻辣牛肉乾時，也會提到麻辣牛肉絲，那這兩種牛肉究竟有何區別？

　　確實，這個問題很多冷菜廚師沒有弄清楚。

　　胡廉泉說，它們區別的關鍵最主要是在「乾」字上。就一般的炸收菜而言，麻辣牛肉乾雖不如牛肉絲那般脆，但吃起來同樣有嚼勁。而就形狀而言，麻辣牛肉絲為細絲狀，而牛肉乾則為條狀。所以呢，名字一字之差，在許多細節上卻是有諸多不同。

小食品，大舞臺

那麼，一個街頭小吃如何搖身一變，成為席桌上不可或缺的一道下酒菜呢？

理由很簡單——麻辣牛肉乾，味道實在是太好了！

師父清楚記得，他小時候經常看到，除了平民百姓在街邊吃麻辣牛肉乾，也有達官顯貴派下人將它買回家，將牛肉乾端上餐桌與親朋共用。它與夫妻肺片、燈影牛肉有著異曲同工之妙，喝酒的人下酒，不喝酒的人品味。久而久之，這道街頭小食品開始在一些餐館販售，並逐漸登上了席桌。

這類下酒小吃，可使得酒桌上氣氛更濃。有滋有味中，是生活點滴的呈現，是江湖故事的分享，是美食發展的歷程。

後來，麻辣牛肉乾也出現了一些衍生品，比如陳皮牛肉，只是作法上稍微有些調整，將肉切好，拿料理米酒、蔥、薑、鹽巴等碼味，然後開始炸收，並要在其中加入陳皮，成菜不僅有著麻辣鹹香的口感，也是陳皮味系列的代表作品之一。

另外，有人把麻辣牛肉乾中的牛肉改成豬肉，也可以做成麻辣豬肉乾；改用鱔魚，可以做成麻辣鱔魚。同時，也可以利用素料，比如麻辣豆筋，應用十分廣泛。

「以前成都也有炸豬肝——酥肝，榮樂園的廚師在這酥肝的基礎上稍微涼拌一下，做成麻辣味，就成了麻辣酥肝。」師父說，炸酥肝曾經在成都也很常見，後來一段時間還出現了商品化生產，花椒粉、辣椒粉等作料都可利用。

酥肝吃起來也疏鬆，比牛肉乾還要鬆軟。「以前軍閥、官員都好喝酒，喜歡吃這些炸收類食品，方便快捷，若遇天冷，只需稍稍加熱就可以上桌，實屬下酒的佳菜。」

而今，麻辣牛肉乾依然是佐酒佳品之一，其出現範圍也更加

廣泛，不僅小吃攤、家庭餐桌和高檔酒店的宴席餐桌上有它，也作為休閒旅遊食品和親友間的餽贈禮品，出現在各大小商店。試想，無論你是跟親友家中小聚，還是重要的商務宴請，在推杯換盞中，那種「把酒話桑麻」的溫馨，抑或「煮酒論英雄」的豪氣，有這樣一份唾手可得，而又無比美味的麻辣牛肉乾貼心相伴，那是何等愜意啊！

陳皮兔丁

解饞又下酒

四川是一個出產兔子的大省，川人吃兔子的方式很多，其中陳皮兔丁作為川菜冷菜中的一道經典菜品，其製作方法有趣而嚴謹，味道麻辣鮮香，鹹裡帶甜，既是解饞的美味，又是下酒的佳品。尤其它那特殊的陳皮香，總是讓人念念不忘，回味悠長。

川菜獨有的陳皮味型

說到陳皮，絕大多數四川食客都不陌生，因為四川不僅產柑橘，也有晾晒和保存陳皮的習慣，講究一點的人家，可以將陳皮分不同年分保存，年代越久，價值越高。人們常將這陳皮用在燒、燉牛羊肉中，不僅可以去腥，還能增添風味，久而久之，這加了陳皮的味道，逐漸形成了川菜中的一個獨立味型。

陳皮味型，擁有鹹鮮微甜、略帶麻辣而同時具有陳皮香味的特點，多以陳皮、川鹽、醬油、花椒、乾辣椒、薑、蔥、白糖、醪糟、味精、香油等調製而成。

「烹飪時，**陳皮用量不宜過多，否則回味帶苦**，以陳皮香味突出為度。在使用前，需用水浸軟，使其香味外溢，苦味降低；乾辣椒、花椒增加菜餚香辣、香麻味，並為菜餚提色，用量不壓陳皮味；白糖、醪糟汁僅為增鮮，以略感回甜為度。」（《四川省志‧川菜志》）陳皮味型，能夠單獨以一個味型而存在，也就只有在川菜裡面能夠做到，其他菜系是絕對沒有的。

　　陳皮兔丁是川菜陳皮味型中的典型代表菜之一，也是四川涼菜的代表菜之一，其獨特的風味與口感，讓人一旦吃過就不會忘記。師父時常做這道菜，以盆為量，小心密封保存，待吃飯或小酌時，舀出一小盤。棕紅色的肉丁散發出陳皮之香，讓不喝酒的食客也會饞嘴。師父講，一份道地的陳皮兔丁入口，「應該是糊辣椒的香辣、花椒的香麻以及陳皮的幽香。」

　　怎樣才能製作出一份如此美味又特別的陳皮兔丁呢？

　　首先將宰好洗淨的鮮兔肉剁成約 3 公分見方的兔丁，加入料理米酒、粉薑、大蔥和川鹽碼味約 30 分鐘。碼味期間，將乾辣椒切成小節，與花椒、糖、陳皮等一起備好。待兔丁碼味差不多時，在炒鍋裡面放入適量的油，燒熱，然後將兔丁下鍋慢慢炸散，等到兔丁顏色變白時撈起；待鍋裡油溫升至六、七成熱，再將兔丁放下去炸，直到肉丁從白色變為黃色時，再全部撈出。

　　此時，鍋裡還留有適量的油，把事先準備好的乾辣椒和花椒、陳皮、薑下鍋，炒出香味後下兔丁，然後加湯、料理米酒和糖進行調味，大火燒開，小火慢收，這個過程就叫做「炸收」。將辣椒、花椒、陳皮、油、鹽等味道一起熗進肉丁，兔丁再次滋潤。

　　對於土地肥沃、物產豐富的四川地區來說，兔子養殖是非常普遍的。兔子屬於高產量動物，一年之中，一隻母兔可以生產 3 到 4 次，由於生長週期比較短，好餵養，再加上兔皮、兔毛等亦可自用或銷售，養殖兔理所當然的成為許多人家的經濟來源之一。所以，兔肉在四川地區不分季節，隨時都可以吃到。

　　關於這道菜的陳皮，在製作時，首先要將其切成小塊，洗淨後用水浸泡。水和陳皮一起下鍋，讓香味在水和溫度、時間的作用下，慢慢發揮到極致。陳皮的香味是一種揮發性的油脂，與水相融後，味道和口感就慢慢被收入肉丁裡。師父說，過去大家都用本地的陳皮，現在也用福建和貴州一帶的陳皮，若是用保存 10 年以上的老陳皮，味道自然更好。雖然成本相對較高，但畢竟陳皮在這道菜裡所占比例很少，主要是取其味道，構成一種風味。

　　「陳皮儘管有香味，但同時也有一定的苦味，所以在做陳皮味的菜時，用糖的比例要稍稍重一點，同時，陳皮屬於熱補型食材，還會產生一定的藥膳作用。」

「一炸」、「一收」是關鍵

「炸收」這一過程，是川菜獨特手法的一種重要表現。在胡廉泉的《細說川菜》一書中有詳細的解釋：「顧名思義，是先炸後收。炸收菜適宜大量生產，一次可以做十幾份，幾十份，可減輕冷菜供應的壓力。炸收菜做一次可以用幾天，方便，快捷！炸收菜品種很多，像葷菜中的陳皮雞、花椒雞、花椒鱔魚、麻辣牛肉乾等，炸收菜蔬品種也不少，比如收豆筋等。」

「炸收菜中所謂的收，就是加湯、加味，收入味，收軟和。炸收的概念再說直白一點，炸就是炸定型，收就是收還原。在炸的過程中，兔肉會脫一定的水分；在收的時候，因為有湯汁在煮，肉質又收了一部分水回去，變得具有滋潤感。」在講陳皮兔丁這道菜時，胡廉泉先生更加詳細的解說。

在師父看來，這道菜的關鍵點就在於炸收。首先是火候，不能用急火，這樣兔丁很快就被炸乾，影響口感。其次，在收的過程中一定要用小火慢慢燒，這樣陳皮的香味和滋味才能更好的揮發出來，辣椒、花椒等香味也才能夠更好的燴進肉裡。

當然，在燴炒乾辣椒和花椒時，火候的掌控十分重要，火太大，辣椒和花椒很容易炒糊，如果發現火力太大，就將鍋端離火來炒；如果火候不夠也需要適當加大，這樣有助於燴出味道來。再次，在收的過程中，不能收得太乾，鍋裡一定要留一點汁水，可以保證兔丁更有滋潤感。

同時，糖色也有一定的講究，尤其是糖與糖汁的合理利用，有著色與調味的功效。那麼到底是下糖還是糖汁好？師父與胡廉泉對此進行了一番研究。

陳皮兔丁的著色主要展現在收這一過程。收時，食材在鍋裡加熱時間較長，直接下糖汁，容易導致糖在鍋裡第二次糊化，產生

一定的苦味。因此，**一般加熱較久的食物，下糖的效果會比下糖汁更好。**師父說我們平常做麻辣味較重的食物時，**也可以在適當的情況下，加點糖來減少和中和辣味。**

　　胡廉泉也特別強調，**做陳皮兔丁這道菜時，不能用醬油與豬油，**這兩點非常重要。如果在裡面加入醬油，色澤會翻黑，影響菜餚的顏色；而豬油是一種很容易凝固的物質，如果做這道菜時加入豬油，很快就會因為溫度的降低而凝固，同時也會變得糊汁，不夠

清爽。在收汁結束起鍋的時候，可淋上一點芝麻油，以便進一步增加香味。

師父說，陳皮兔丁屬於冷菜，熱吃時味道就已經很不錯，但是放冷後味道更佳。從前，人們習慣用陶瓷罐裝陳皮兔丁，用蓋子小心蓋著，防止跑氣，第二天要吃時，再將勺子伸進去攪拌均勻，盛出，以肉為主，最後又再搭配上少許的辣椒和花椒作為陪襯。那陳皮的香味，可勾起食客的無窮食慾。

冷菜——川菜的半壁江山

在中國的八大菜系中，川菜作為菜品種類極其豐富的菜系，擁有著獨具特色的魅力。熱菜與冷菜相互結合，其中冷菜占了川菜的半壁江山，這是在其他菜系中絕無僅有的。陳皮兔丁作為川菜冷菜中的一個菜餚，在餐桌上的歷史也很悠久。我的師父與胡廉泉對以前的冷包席印象極深。

說到包席，現在基本只有川渝地區還保留這樣的叫法，師父與胡廉泉曾經考察過許多地方，都沒有像四川一樣——冷菜、熱菜等統統具備。現在的人們，基本上已經沒有「席」的概念，很多人也已經不知道什麼叫做「席」，或者擺一桌子菜就叫做「席」了，而真正的「席」，無論在上菜或座次上，都是有規矩的。

「作為一個有經驗的廚師，在下單、編排次序時都有相應的規矩。上菜時也會考慮到，要給客人一些不一樣的感受。」師父說，曾經成都的南堂館子對現代川菜的影響頗深，他們在座次等細節上，做得十分講究，顯得比較高檔，食客們的體驗都非常好。後來，成都的一些餐館也學習南堂館子的這種格調。而南堂館子，最早叫做南館，而不是包席館，後來才改成「南堂」，承包席桌，並逐漸擴大規模，從冷包席到熱包席。

最早的冷包席並沒有座位區，更多的是上門服務，即在廚房裡先將食物加工為成品或者半成品，然後再送到客戶家裡，就像陳皮兔丁和花椒雞等，屬於成品，送到客人家就可以直接裝盤上桌；有些送過去後需要再切、拌、炒、燙的，或者需要上鍋現熱現做的，就屬於半成品。

王旭東老師曾經回憶說，早年他的一位親戚結婚，當時就是屬於冷包席。幾個廚子挑著酒席擔子，一邊是食物的成品或者半成品，一邊是杯盤碗盞，包括蒸籠等。到了主人家後，現場搭灶吊湯，整整搞了兩天。由於主人家沒有那麼多桌子，也是各個鄰居家借過來的，十分熱鬧。

以前成都城區包席的消費者並不多，因為費用較高，普通老百姓很難有能力消費，而真正規模較大的，還是要數農村裡的壩壩宴和九大碗。像陳皮兔丁這類的冷菜，開始準備時，要大量的製作和提前擺盤，要不然等到上桌時會特別頭痛。如果有 100 桌，每桌 6 到 8 個冷菜，那就需要準備 600 到 800 個菜碟子，而且需要葷素搭配，一樣一半，各色、各形、各味，不同味型，工程量非常巨大。

師父曾經在美國工作過很長一段時間，由於文化和飲食習慣等原因，那裡的包席數量更少，只是偶爾會有一、兩桌「party」（聚會），且都不太重視桌子上的冷菜。按照傳統的作法，結合當地的物產，師父將陳皮兔丁改為陳皮大蝦，趁熱端上餐桌。

而今，陳皮兔丁早已從席桌間跳躍出來，成為一些餐廳單點的下酒菜。當然，在發展的歷程中，一些廚師也有了自己的想法。比如在收的過程中，辣椒和花椒添加較多，但又不能夠直接食用，如果每次做完後倒掉了會很可惜，廚師們就將它們都收集起來，在第二次做這道菜時再加以利用。

也有部分廚師，用辣椒粉和紅油來代替收這一過程，或者從

表面上來掩蓋因為沒有收好而出現的瑕疵，這種作法，或許只是廚師們的一種自身喜好，而從另外一個層面來說，其實是技術不到位，或者懶惰所致。從製作正宗川菜的角度來講，師父是不太贊同的。

除了製作，這道菜在吃的形式上也發生了一些變化。早些時候，盤子裡所呈現的成品都以肉丁為主，辣椒和花椒為輔。而今這道菜再端上餐桌時，已經成了辣椒和花椒為主，肉丁為輔。沒有吃過傳統兔丁的食客，總以為後面這種「在辣椒裡找肉」的吃法最正宗，是一種特色，這樣的想法不僅存在於食客中，連許多的廚師也不知道這道菜最原本的作法與淵源。「但是不管怎樣，不同的人有不同的作法，無論怎麼做，好吃才最重要，好吃才是硬道理。」

燈影魚片

妙趣橫生

　　想必許多人都看過或了解過皮影戲，小小的角色在燈光的作用下，形成自己獨特的影子，再經過演繹人的手，呈現出一場獨特而有趣的戲劇。在四川的美食中，也有著燈影的故事，但這故事並不是靠演繹出名，而靠形與味占領川菜江湖一席之地，其中之一便是燈影魚片。

選擇草魚最適合

　　在沒有見到師父做這道菜前，我對燈影魚片的概念還較為模糊，直到師父將這道菜端上桌來，我才見到了其真正面目：白色餐盤裡薄而呈半透明狀的魚片，伴著辣椒油濃濃的香味撲鼻而來；些許白芝麻點綴在紅紅的魚片上，十分驚豔。

　　師父說：「燈影魚片在席桌上是一道下酒的涼菜。口感酥香、酥脆，再加上有香有麻又有辣，特別適合在小酌時搭配享用，酒界朋友都喜歡。另外，這東西有些嬌氣，力氣稍微大了點，就容易破碎，所以在擺盤的時候也需要特別小心。一定要選擇相對完整、造型好的魚片來擺盤，不要有碎渣，如果擺出來的魚片是透明的，那就對了。」

　　可這燈影魚片，究竟是怎麼做出來的？

　　就選材而言，在成都平原，**草魚比較適合做這道菜**，肉頭厚，背型寬。將魚頭去掉後，從頸部取兩邊的大肉，再去掉魚

刺、肋骨、背脊骨，只剩魚肉，這是背窄、刀型偏薄的鯽魚、鯉魚所難以做到的。

魚片切好之後，將它們鋪整開來，拿到外面去晾晒。這個晾晒，不要求晾得太乾，大約一個小時左右，將水收一點就行。接下來就放到油鍋裡浸炸，水分一失，就看到一張張魚片呈現出金黃色來。

我注意到，魚片在油溫的熱度和脫水作用下，開始變得透明起來，師父說這一步驟最關鍵的就是**油溫不能太高**。「若油溫太高，魚片下鍋就會變黑變糊，所以需要**冷油下鍋**，讓油溫慢慢升高。這種浸炸的方法，外地叫做『氽』，他們炸花生也是一樣，稱作『氽花生』。而我們的魚片在油裡浸炸時，要比浸炸花生的速度快一點，在短時間內就可以變得又乾又熟，而且還定了型。」

魚片炸好以後就開始上味。需要將鹽巴與白糖打成粉狀。此時我就產生疑問了：鹽巴與白糖，本身就已經是粉狀，這還不夠粉嗎？師父說：「這樣的粉肯定是不夠的，其顆粒還很粗，需要用碓窩舂，要像以前做白毛蛋糕的糖粉那般細才行，才能讓鹽和糖更容易黏在魚片上面。」

原來，由於魚片非常薄，更細的鹽巴和糖撒上去後，才不會明顯影響其透明度和口感。而炸好後的魚片，基本上就是加鹽粉、糖粉和少許花椒油、紅油，做成鹹鮮味，淡淡的鹹鮮麻辣中，有著回甜的感覺。

而今市場上有了加工好的鹽粉、糖粉，再做這道菜時步驟上就更方便，魚片炸好以後，鹽粉、糖粉撒上去，上點花椒油和紅油，再撒點芝麻，香脆之中，鹹鮮為主，麻辣回甜，就著它抿一口小酒，那真叫一個享受。

極高的刀工和火候要求

這道菜端上桌後，常常讓食客驚嘆的首先是它的視覺效果，「一定要看得出透明，雖不能像真正的玻璃那般透澈，但好的刀工和浸炸流程，會給這燈影魚片加分不少。」師父說。

片魚時，一定要打斜刀下去，切成斜片，保持 5 到 6 公分長，4 到 5 公分寬，且一定要薄，極薄。按照要求，每張魚片出來，大小一致，不能起花、起眼子、起梯子坎、起波浪形，必須要保持平整方正。這就要求廚師的手必須要保持平穩，唯有手平穩，片出來的食材才夠均勻，薄而不爛。

「如此高超的刀工要求，對於一個普通的廚師，大概需要學習多長時間才能達到呢？」我問師父。

師父說：「能幹一點的，3、5 年可能就學會；根基差一點的，可能十幾年都做不好，這個不僅要看悟性，還需要看基本功，畢竟這道菜也不是經常做，所以相對就更難一點。

「其實，對於一個廚師，刀工是一項基本功。我們做的每一道菜，幾乎都要從『切』開始，如果刀工到位，那切出來的食材就粗細均勻，在烹製過程中，更能將菜的口感、味道、形態等做到極致。關於這個問題，如今一些食客或者廚師覺得，一個廚師的刀工就像一種雜技表演，賣弄的成分多，這種觀點其實是種誤解。當然，也不排除有些廚師喜歡在刀工上加入作秀成分，就像提著半桶水的娃娃（按：指年輕人），不懂得收斂或者沉澱。」師父的話意味深長。

師父非常擅長刀工，這在業界早有公論。但這樣的好刀工，可是十年磨一劍的不懈操練方才達到的。

「以前每天早上，採購員從市場將肉買回來，廚師們就必須得快把骨頭剔下來分類，哪塊肉切肉絲，哪些切肉片，都需要分理

清楚；若是剩下了些肉渣，也需要馬上剁成爛肉，做成丸子或者炒成臊子，就連肉皮子也是趕緊拿去煮了進行合理利用，盡量發揮出食材每個部位的最好價值。

「在分肉的過程中，下肉的紋路也需要仔細研究，究竟是橫筋還是順筋，是做水煮肉片還是做連鍋子（按：流傳於四川瀘州地區的吃法。將肉片切成片，配上冬瓜或蘿蔔等蔬菜一起放鍋裡煮），都會在刀工上有所區分。」

聽師父說過，1977 年時，他曾參加餐廳舉辦的技術比賽，在刀工比賽中，8 人參加半片豬去骨，師父拿第一名。其中將豬的骨頭全部剔完，用時 2 分 17 秒；切肉片一斤，用時 1 分 30 秒；切肉碎一斤，用時 2 分 14 秒。

而今，餐廳大都不再需要廚師自己剁肉或者剁魚，全交給中央廚房或者配送公司，拿到手的都已經分類好，魚頭是魚頭，魚尾是魚尾，魚片也可以全部片好，如果有其他要求，基本上也都可以滿足。因此，如今能有一手好刀工的廚師，可謂少之又少了。

對於這道菜而言，雖說刀工這一點上，有中央廚房等外援團隊支援，但是浸炸過程就需要廚師自己把控。「這道菜十分考究火候的利用，因為魚片極薄，稍不注意就會炸過頭，就很難吃，有可能因為最後兩秒鐘，就讓你前功盡棄，全部報廢。」

來自民間小吃的燈影系列

燈影魚片這道菜，作為燈影菜系列中的一種，最早並不是一道席桌上的涼菜，而是一道民間小吃。

四川的小吃品類繁多，口味豐富，且大多起源於民間，燈影系列包括燈影牛肉、燈影魚片、燈影苕片（按：苕片是指紅心苕，即紅薯）、燈影馬鈴薯片等。事實上，燈影魚片也是在燈影牛肉的

基礎上衍生出來的，要想知道燈影魚片背後的故事，就要先從皮影戲和燈影牛肉說起。

成都人稱皮影戲為燈影戲。師父進入職場後，就慢慢學會了做燈影牛肉這道傳統菜。師父說，「燈影」實際上是指燈影的螢幕，因為它有著透光或者相對透明的特徵。

師父最早開始學做這道菜時，達縣（按：現今四川省達州市）的燈影牛肉讓他受益匪淺。那時達縣的燈影牛肉甚為出名，以小吃的形式在四川各地熱賣。1960 年代，師父曾在金牛壩司廚，看見一位達縣女子在一張桌子旁邊片牛肉，不長的時間，一張又薄又大的牛肉片就從她的刀下出來，刀工十分了得。肉片片出來後，女子將其鋪到筲箕（按：篩子）上晾乾，然後放到爐內烘烤一小段時間，熟透後再下鍋油炸，而後進行拌味。那時候，她也是用鹽粉、糖粉、花椒油、紅油等一起調味，味道極香。

「以前燈影牛肉都是路邊攤的小吃，也被叫做香辣嘴或香香嘴，味道以鹹鮮為主，麻辣俱全。」這是師父最早吃燈影牛肉時的印象。

在他的記憶中，以前賣燈影牛肉的商販都有一個寶龍盒子，他們在盒子前吊一片肉以顯示刀工，再在肉片後面放一盞亮油壺，讓食客可以透過這肉片看到燈的影子。過去的商販也都喜歡給顧客耍點花樣，一般待天黑以後再把燈擺出來，晚上酒鬼也多，二兩酒配點燈影牛肉，很是快活。

據胡廉泉考證，燈影牛肉在清末民初時就已經有了。那時候還不叫燈影牛肉，用的是鹿肉，叫做「撐子鹿張」。人們將鹿肉片成一張張薄肉，用竹籤把它撐起，跟我們做風箏一樣，然後晒乾。晒乾後就成了一張一張的肉。另外一種較為普遍的作法，用牛肉製作，但不叫燈影牛肉，而被叫做「釭片牛肉」，這「釭」字較為生僻，就是油燈的意思。

　　還有一種類似燈影牛肉的小吃，在傳統的川菜裡面被稱為晾乾肉。肉在被切成薄片以後，碼了味放在筲箕上晾乾，然後下鍋一炸，作法與燈影牛肉相似，也有著相似的視覺效果。

　　重慶地區有燈影牛肉；自貢也有燈影牛肉，並已成為非物質文化遺產，但自貢的牛肉主要還是指火鞭子牛肉；而達縣的燈影牛肉，在民國時期就已有售賣，相傳還與唐朝時期白居易的朋友元稹扯上了關係。但不管從哪個方面，都足以說明燈影牛肉在四川地區小吃界的影響甚廣。

　　燈影魚片，作為燈影牛肉的一種衍生品，作法一樣，口感、風味卻大有不同。燈影牛肉以牛肉為主食材，因其纖維較長、肉片的面積大，刀工就相對簡單，肉質也比較有嚼勁。但燈影魚片就不太一樣了，魚片本身較嫩，對於刀工的要求就更加嚴格。當然，這牛肉與魚肉本身也各有風味。

　　燈影魚片作為一道非常講究烹飪細節的菜餚，不僅製作花費時間，同時也相當考驗廚師的功夫，而一般餐館裡忙碌的廚師就很少有空來做此菜餚，加上現在的很多廚師缺乏基本功，對這道菜的刀工和浸炸技巧掌控不到位，因此，也就只有相對高檔的餐廳還在售賣這樣的菜餚。

　　而今，隨著市場化的發展和廣大食客的需求，燈影牛肉和魚片等已經有了專門的生產基地進行工業化生產。這樣的方式，為部分餐廳解決了製作的問題，可以直接購買現成產品。只是這大量製作出來的食物，縱使滿足了大眾化的需求，卻也少了一些手工製作的韻味。

　　我也在想，為了適應、滿足來自五湖四海的食客的不同口味，這一類菜也可以賦予它不同的風味。除麻辣之外，是不是也可以是鹹鮮的、甜酸的，甚至是果味的。這樣的魚片還真有了點國際化的味道。

　　對於這樣的一些想法，師父並不表示反對，他說：「川菜就是這樣子的，只有在實戰中不斷嘗試與發展，好的菜餚才能更好的傳承下去，也才不會被大家所忘記，這不僅表現在燈影魚片上，而是所有的川菜都是！」

　　我在想，這麼考究的一道下酒菜，千萬不能對不起好廚師的精益求精，我該拿什麼好酒來配上它呢？

8 PART

粗材精做的
傳統手工菜

捨不得

變廢為寶

俗話說：「捨得，捨得，有捨才有得！」這是四川話裡教人做事的一句至理名言，但這名言也並非適合所有情況，比如在川菜裡，就有真正的捨不得。「捨不得」作為菜名，聽著有些令人納悶，甚至百思不得其解。它，究竟是什麼樣子？

何為捨不得

如今，師父已經七十有八，兜兜轉轉，大半個人生中，捨得與捨不得的，都在歲月的洗禮中成為一種沉澱。在我們的記憶中，真正捨不得的事與物，隨著年齡的增長越來越少，而接下來我要說的這個「捨不得」，則是川菜裡真正捨不得的食物之一。

何為「捨不得」？其實就是我們平常所吃的食材中，常被人們丟棄的那部分。師父是個惜福之人，常常將這些丟棄的食材看在眼裡，捨不得丟，有時將它們進行精心製作後，端上餐桌供人們食用。或許有人會說：「這些廢棄的邊角餘料你們也看得上？」說實話，這些被許多廚師看不上的邊角餘料，無論從食材的歷史還是營養來說，都是傳統川菜中的精華之筆。

就拿芹菜葉子來說吧！現在的餐桌上，基本上已見不到用芹菜葉子做的食物了，呈現出來的大都是芹菜的葉柄，比如芹菜炒肉絲、芹菜炒豬肝、芹菜炒雞雜等，葉柄食用起來香脆微甜，口感甚佳，製作過程也不複雜，深受食客與廚師喜歡。而芹菜葉子就不一

樣了，大小不一、老嫩不均，無論從外形還是色澤來看，都較葉柄次之，所以，後來的廚師基本上就將葉子丟棄。可我的師父卻不一樣，常常將這葉子視作寶貝，畢竟這葉子在許多老廚師的眼裡，都有著屬於自己的煙火故事。

　　像我師父這般年紀的人都知道，「捨不得」系列的菜多年以來一直都流傳在民間，是道家常菜。在物資匱乏的年代，人們生活清苦，能夠使用的食材都需要物盡其用，絕不浪費。在師父年幼時，「捨不得」菜餚系列也是家裡家常菜，母親做的這些菜，他在吃第一次後，就深深記在了心裡，並留下不可磨滅的印象和回憶，除了菜本身，還有讓人回想起來就要流口水的味道。時至今日，師父依然十分想念母親和她做的菜。在那個清苦的年代，有吃的就要盡量吃，且不浪費任何食材。

　　芹菜葉子就是其中之一，人們在吃這葉子時，將老的、黃的葉子清理乾淨，在開水裡汨一下後撈出來拌著吃，清香可口。師父也特別喜歡這樣製作，師母更是常常將葉子洗淨後用來煮麵，作用與小白菜葉子、豌豆尖等同，清香爽口，獨具風味。

　　除了芹菜葉子，冬天裡的青菜腦殼皮也屬「捨不得」之一，人們將青菜皮剝下後，將最外面那層綠色的薄皮再分離出來，放在筲箕裡面微微晾晒，待表面的水分蒸發掉一些後，切成塊狀或條狀，然後加入佐料拌成菜餡。這道菜的味道又脆又綿，吃起來還「嘎嘎」作響，無論開胃還是下飯，人們都很喜歡。

　　「捨不得」的主料並不固定，會隨季節變換而變化。比如秋冬時節可以吃芹菜葉子，冬春時節可以吃青菜腦殼皮，夏秋時節則可以吃茄子蒂。

　　說到茄子蒂，不僅可以用來乾煸，炒辣椒，還可以用來燒鱔魚，這還是道名菜，除了茄子蒂，茄皮燒鱔魚則最為典型。

　　還有一些「捨不得」是不分季節的，比如豆腐渣和大蔥頭的根子（按：蔥鬚，四川人也叫鬚鬚）。

　　四川人喜歡自家做豆腐，當豆漿與豆渣起鍋分開後，豆漿裡加少部分膽水就點成了豆腐，豆渣就沒有什麼用處了。勤儉持家的人們覺得浪費，就將豆渣過一遍清水，用來燒成菜，比如有名的豆渣鴨脯、豆渣豬頭等；大蔥頭的根子也被人們普遍運用，將其洗淨，用蛋黃糊裹著油炸，撒點川鹽和花椒粉，做成椒鹽味，成品看起來就像一隻大蝦，廚師們就稱其為炸素蝦。

　　胡廉泉回憶說，1950 年代，他剛讀初中，有一年去土橋農村勞動，住宿、吃飯都在農家，那時候伙食標準是兩角五分錢一天，結果他頓頓都是吃白米乾飯加紅薯，菜是紅薯皮，主人把皮削下來，用點豆瓣和泡菜水，拌起就是菜。有時除了吃紅薯皮，還有米涼粉，燒的、拌的都有。

從民間到大雅之堂的淵源之路

「捨不得」系列的菜餚，最早只能在家裡或者小飯館吃到，後來被元富師兄帶進了席桌，登上大雅之堂，這背後的故事也是實屬難得。

十多年前師兄在一家叫「悟園」的高檔川菜館掌廚，師兄覺得作為一名優秀的廚師，除了自身本領要夠，還需要在食材上面下功夫，見菜做菜，且不浪費。作為一名廚師，一路走來，技藝裡包含了哪些東西，是不是個有心之人，最後都會一一展現在所做的菜餚上面。人家說一個好的廚師是，沒有被丟掉的食材，實在不能用的還可作他用。

比如冬瓜子，以前都是可以取出賣錢的，冬瓜皮也可以用來做藥。善加利用這些被丟棄食材，是一個廚師對食材的尊重與敬畏，也是對自己職業的尊重與敬畏。於是，「捨不得」系列菜餚應運而生。

為了更加適合高檔餐廳，元富師兄的「捨不得」並不是以一道菜的形式呈上飯桌，而是做成一個一個的小碟子，與不同的「捨不得」拼成一個盤子，不僅好看、開胃，而且十分可口。並且在被端上飯桌時，服務生都會給客人講解，「這是我們捨不得丟掉的食材，所以就用心將它做成了美味的菜。」往往，能夠勾起許多人塵封已久的回憶。

師父對元富師兄的這一壯舉大加讚賞，他感慨道：「現在的許多老師傅都還具備這些節儉的習慣，但很多的年輕廚師就不好說了，他們在食材的選擇上不僅要新鮮的、好的，而且還特別善於丟棄，特別捨得往潲缸（按：潲音同紹，臭汁，或淘米水做成的豬食）裡面倒，將做菜時『物盡其用』的準則忘得一乾二淨。

現在的廚師們做菜，除了主食，剩下的俏頭、佐料等，都一

大盤一大盤的倒掉，太浪費了。」

「捨不得」的具體作法與現實意義

接下來我們說說「捨不得」的一些作法。

從川菜的味型來說，芹菜葉子作為一種拌菜有許多種味型，比如麻辣味、酸辣味、糖醋味、糖醋麻辣味等。其中，酸辣是一個比較大眾化的口味，將川鹽、醋、紅油、花椒粉加在一起攪拌均勻，若是加點泡漲了的粉條一起拌進去，就是另一種風味。芹菜葉子屬於香菜系列，不僅香，口感也好。如果不喜歡吃辣的，也可以拌薑汁，用醋、薑、川鹽一起來拌。

青菜腦殼皮的作法也是相通的，晾晒蔫（按：音同醃，枯萎、不新鮮的）了的皮子切好後，用川鹽碼味，待入味後，根據喜好加點辣椒粉、紅油、花椒粉等一起攪拌均勻，再加點醋後就成酸辣味。有些家裡也將這皮用來做泡菜，清脆爽口，十分開胃。

在拌菜的佐料中，用油是一個很重要的環節。人們在拌菜時，常常會加點生清油（菜籽油）進去，主要表現在家庭裡面，特

別是夏季時節。最明顯的是激胡豆，必須要用生清油，同時拌仔薑、拌青椒。做「陰豆瓣」，也都必須要生清油。這生清油不僅是四川家庭拌菜裡的標誌性符號，更是民間、市井的標誌性符號。

為什麼一定要強調「民間」？這裡的民間是指以家庭為代表的拌菜，而各大飯館、餐廳裡的拌菜是不用生清油的，他們大都選擇用芝麻香油。所以在川菜裡，有許多細節特別值得學習與研究。

除了用以涼拌，乾煸也是做「捨不得」的一種方式。

茄子蒂在製作時，需要將裡面的經絡撕掉，稍微改一下刀，與秋天快要結尾的長辣椒一起下鍋乾煸，然後加點豆豉，再加入川鹽，這道菜一出來也是下飯的好菜。

所以，在過去的清苦年代，這些食材被丟掉就顯得太可惜了。而今的許多家庭中，只要是有中老年人一起生活的，都知道製作「捨不得」是一種傳統美德，不僅顯現著中國人的勤儉持家，更展現了四川人做餐飲的思路之寬、變化之大、選材用料之廣。

師父說，過去許多人都經歷過物質生活的貧乏，對食物的印象會很深。如今過去了這麼多年，很多人突然之間在桌子上見到這些菜，常常會喚醒記憶，「老年人能吃出曾經生活的味道，中年人能吃出兒時的味道，年輕人則能夠吃出奶奶和外婆的味道。」

這些菜看似相貌平平，分量都不大，卻能引起席桌上所有人的共鳴，這便是今天「捨不得」最具魅力之處。

炸扳指

對於肥腸的最高褒獎

記得，有拍攝美食影片的導演在研究中國傳統食譜之後，曾特地向師父請教「炸扳指」。在元富師兄將炸扳指的成菜擺到他面前時，導演略感失望。

可能是傳統的作法並沒有達到他想要的視覺效果，以及拍攝要求吧！但正因為他的這次失望，我卻對炸扳指這道菜有了濃厚的興趣。

拜師後的這些年，我不知不覺養成了一個習慣，只要對美食有疑問，便總是第一時間想到要去找師父問問。好在，師父總是不厭其煩的傾囊相授。

一定要選大腸頭

炸扳指在川菜中風味獨到，尤其在原料的選擇上更是相當講究，一般的肥腸不宜製作此菜，而是**只選用肥腸最粗的那一段，也就是平常我們所講的大腸頭**。

「只有大腸頭這個部位，才可以保證菜餚應有的外酥內嫩口感。」為什麼這樣講？我們知道，作為特殊烹飪原料，豬腸具有其他葷食原料很少有的特性，即「見生不見熟」。因為肥腸的縮水率極高，原料出成率是極低的。

一般來說，500 克的生腸待完全熟時只有 150 克左右，可見它的縮水率相當的高。那麼，為什麼會出現這種情形？直觀來看，即

使是同屬肥腸範疇的原料厚度，也就是平常我們所講的腸衣，壁滑肌（俗稱腸肉）的含量是很不一致的。有的地方較厚，如大腸頭部位，有的地方又相當薄，如正常的腸衣部位。一旦它們被製熟，薄的腸衣部位已成了一層厚厚的皮狀，根本無法在內壁形成肉狀物質，也就是根本沒有什麼厚度。

腸壁較厚的腸頭就不一樣了，由於富含壁滑肌，即使成熟以後，厚的部位也可以達到 0.5 公分左右。只有這樣狀態的肥腸，經過清炸以後，口感才脆嫩。

「因為，只有肉狀物質才可以產生嫩的口感。而腸的表皮只能構成脆的特性，由於它質地較薄，其內含的水分也很少，在炸製過程中，才可被炸得質乾，生成脆的口感。」師父向我解釋道。

這道菜除了對大腸部位有著嚴格的要求外，清洗大腸頭也很重要。作為特殊的烹飪原料，大腸頭被人們排在異味之列，只有採

取正確的洗滌方法，才能最大程度的洗去其異味。

將選好的大腸頭翻面之後，抹上鹽進行清洗。「過去的大腸頭，即使是加了鹽也很難洗。因為，大腸頭裡面有好多糠殼黏在上面，要洗掉，很費神。」師父說起洗大腸頭，搖了兩下頭。

一般清洗 4、5 次之後，便算是完成了第一步的清洗工作。但這只能算是把其表面，也就是說，腸肉外的異味去淨了。那麼，腸肉內的味道怎麼去淨呢？聰明的四川廚師採用先將大腸頭碼料蒸熟之後再炸的方法。

這個碼料肯定是有講究的。將大腸處理乾淨後以料理米酒、蔥、薑、花椒去腥味，先用水煮去浮油，晾少許時間，再放入蒸格，加同樣的料理米酒、蔥、薑、花椒，這個時候便可以加少許鹽了，碼好料上火蒸至軟熟。

「現在，還有廚師用現成的滷肥腸直接拿來炸，簡直是亂彈琴！」師父說到這裡又來氣了。這位川菜大師，對於自己鍾愛了一生的行業，很多時候是既痛心又惋惜。

是炸扳指，不是軟炸扳指

「我初入榮樂園時，食譜裡就有這道菜。」於是我問：「師父，是軟炸扳指，還是炸扳指呢？」師父十分肯定的告訴我：「炸扳指。」

「因為川菜中的這道菜，扳指原料不經掛糊上漿，是用調味料拌漬後投入油鍋炸，是屬於清炸。而軟炸是將質嫩而形狀小（小塊、薄片、長方條）的原料先以調味料拌和，再掛上蛋清糊，然後投入六成熱的油鍋炸。兩者之間有本質的區別。」

至於為什麼要用「軟炸」兩字，則是不同的廚師有不同的稱謂，沒有統一的標準。如 1964 年成都市飲食公司技術訓練班編寫

的油印資料《席桌組合》，蔣伯春師傅開的「鮑魚席」菜單和李德明師傅開的「燕菜席（一）」菜單中，均寫為「軟炸扳指」；而樂山市薛旺子店老闆薛明洪提供的 1977 年四川省蔬菜水產飲食服務公司《四川食譜》內部資料，均寫為「炸扳指」。

兩者比較，顯然「炸扳指」的菜名更嚴謹些。

「蒸熟的大腸頭一定要涼一涼、收一收汗。這道工序，將直接關係到接下來的炸。」胡廉泉先生補充道，「收汗前的大腸頭要趁熱揢（按：按壓）乾水氣，再抹一次醬油，然後晾乾。」

接下來，就是炸了。為了保證扳指外觀的飽滿，炸之前還要先往裡塞入大蔥，並拿牙籤往扳指上「扎眼子」（按：戳洞）。「塞大蔥既可以讓扳指保持外觀的飽滿，又可以讓其吸收蔥的香味。而『扎眼子』是為了避免在炸時，產生炸油的情況燙到人。

「我們那個時候，做這道菜的老辦法是直接拿刷把（指過去洗鍋、洗灶臺的工具，一種劈篾成細絲然後紮成一束的竹刷把）上的竹籤『扎眼子』。而改革開放之後，到處都是牙籤，後來就改用牙籤了。」師父回憶道。

「炸的時候，油有六成熱才可以下鍋，炸一次，撈起來。待油達到七成熱，再下鍋，進行第二次炸的工序。這一次，扳指就會達到脆和酥的口感了。切記，油溫不能高，不然會炸糊。」聽師父說起，不免口水直流。那個饞勁，可謂一位饕客對於美食的最高渴望了！

炸好，撈起，這個時候便要把裡面的蔥取出。然後，可以淋上少許香油，使其色澤更加飽滿。接著用刀直切成 2 公分的段，擺入盤內，配糖醋蘸碟、蔥醬碟。這裡的蔥是用大蔥蔥白先切成 5、6 公分的段，再兩頭砍成如花的形狀，中間套一節泡紅辣椒。也擺入盤內，再加點蒜片。蘸碟也可以調成椒鹽味，這個就看自己的口味了。

　　擺好盤，一道色澤金黃、外酥裡嫩的炸扳指，便呈現在食客面前了。「對了，剛剛說的蔥醬蘸碟，其實是為了改油，解油膩。」胡廉泉補充道。

高「腸」一等的炸扳指

　　這的確是一道口味極佳的好菜，為了一飽口福，我甚至自己還特地試著做過幾次。並且為了保持扳指飽滿的形狀，炸之前，我還往扳指裡塞入三根大蔥。

　　說起炸扳指，我還想起車輻曾在他的《川菜雜談》一書中，對這道菜有過如此評價：「豬腸小吃之類，以豬大腸做菜，升堂入室，受人歡迎，得到好評的，當推炸扳指。」

　　為什麼說它「升堂入室」？過去在四川一些農村，農民是不吃豬腸的，有的不習慣，有的忌諱。後來，它經過廚師巧手加

工，清洗、蒸煮之，然後入油鍋裡炸成金黃色既酥且嫩的扳指，再上以蔥醬、椒鹽、糖醋等，吃法多樣，大放異彩，身價百倍！

這道菜不僅在國內被列為名菜，在海外也享有盛譽。據胡廉泉講：1930 年代的成都少城公園（今人民公園）內，有一家餐館叫「靜寧飯店」。當時，名廚蔣伯春和他的師父傅吉廷在靜寧飯店司廚。飯店的附近有個「射德會」，也就是射箭俱樂部。那時蔣伯春才十幾歲，幹完手上的活兒，沒事時便經常去看人射箭。

那段時間，他剛剛發明了一道新菜，叫「炸脆腸」。在少城公園待的時間久些，便自然會被當時的文化氛圍所浸染（那時，成都的展覽基本上都在少城公園辦，聚集了不少文化名人。而參加射箭俱樂部的，一般都是有身分的人），他總覺得這個名字太直白，不太文雅。有一天，他再次去射箭俱樂部看人射箭時，從射箭者套在拇指上的護手借力之物「扳指」上得來靈感，於是，從此便有了「炸扳指」這道菜。這一說法，雖沒有文字記載，但到目前為止也沒有人反駁。至少，這道菜是蔣伯春師傅創制的說法，是得到行業認可的。

而要說起此菜，還不得不說徐悲鴻和張大千這兩位著名畫家。此菜為徐悲鴻的最愛。據記載，張大千對於炸扳指更是愛不釋口，平時在家裡最愛做此菜，宴請張學良時，菜單中還刻意加入這道色澤金黃、外酥裡嫩的炸扳指，可見張大千的喜愛之情。

經廚師精心烹製的炸扳指，身價自是高「腸」一等，不同凡響，至今這樣精彩絕倫的美味之食，仍令人回味與難忘！

在傳統的基礎上創新

據師父講，在1970年代，我的師爺張松雲在炸扳指的基礎上，又開發出宮保扳指和魚香扳指。前期製作一樣，就是後期在鍋

裡把魚香味或宮保味底料起好，待扳指炸好之後淋上去。

　　師爺張松雲先生，是一位對於烹飪美食十分善於總結與發揮的川菜大師。他老人家最喜歡的，就是每到一個地方，就非常留意當地的美食，凡見到有特色的菜，他就帶回來，然後在此基礎上創造發揮出新菜餚。今天，既然說到這裡，那也就順便談談我個人對於川菜的創新與發展的一些見解吧！

　　川菜，在傳統的基礎上發展，首先要把傳統搞清楚。因為，創新必須要有基礎，創新的基礎是什麼，就是傳統。

　　就拿這道炸扳指來說，前文我曾提到，按傳統方法做出來的炸扳指，視覺呈現略感失望。因此，我也考慮到，這道炸扳指，如果要在今天的餐桌上，再次以「全新」的姿態與食客相見，那麼，在視覺上的表現它應該是什麼樣的呢？

　　味道是好味道，但美觀也很重要。我想，這道菜應該比我後面要講到的豆渣鴨脯（參見第326頁）更好表達。至於具體要怎麼去擺盤，怎麼設計，就交給我師兄張元富來完成吧！

　　「但是，這幾年，大腸頭不好找。工業化宰殺之後，大腸頭都直接賣給肥腸加工的店家了。」元富師兄對於食材的來源，提出了他的擔憂。而且，如果要讓這道炸扳指達到以前的要求，則需要養足 280 到 300 隻豬，這樣的豬大腸頭又要到哪去找呢？

　　「豬的問題應該好解決。現在不是流行吃野生跑山豬嗎？」其實，我擔心的是如何才能夠像 1930 年代那樣，點燃吃炸扳指的文化氛圍。

　　而要讓炸扳指再度火起來，不僅是川菜大師需要考慮，也是美食家、文化人需要共同努力。「炸扳指，是對肥腸的最高獎賞！」元富師兄的這句話，可以說是對這道菜的最好總結。那麼，品炸扳指，則是對美食家的最高禮遇了！

網油腰卷
嘴刁之最

　　師父常常跟我說：過去，川菜對於烹飪原料的選擇，無論是從多樣化上，還是品質要求上，都是他方菜系所不能比的。「你無我有，你有我精」。這一各方菜系都在苦苦追求和努力實現的選料規則，早已在川菜中得到了令同行們矚目的驗證。比如，網油腰卷這道菜。

何為網油

　　第一次聽到這道菜時，我就對「網油」這一食材十分好奇。

　　什麼是網油呢？說得通俗一些，就是豬的膣油（按：即豬板油，豬胃部及橫膈膜之間的脂肪，請掃描右圖 QR Code），因形似魚網狀故得名。說得嚴謹一些，就是取自大網膜脂肪的豬油，臺語俗稱「板仔油」，做菜時經常會用到。

　　「而這豬網油的油脂與一般植物油相比，有不可替代的特殊香味，可以增進人的食慾。」師父告訴我，「網油本是平常之物，幾乎是沒有什麼用處。然而，就是這個被同行們公認為是下腳料的網油，卻被川菜廚師們慧眼識材，派上了大用場。」

　　聽師父講，在川菜中，「網油」入菜歷史較久，早在他當學徒的那時候，網油雞卷、網油蝦卷、網油魚卷等就已十分盛行

了。以前，不僅酥炸類菜餚，甚至燒菜也有用網油的，比如紅燒捲筒雞、網油鴨卷，便是將食材用網油包裹炸了之後，再拿來紅燒。現在，隨著時代的發展，在我看來，只要捲出來的東西既好吃又講究便可以了。

客觀的說，豬網油在普通老百姓眼中，的確沒有豬肥膘（按：豬的皮下脂肪）的名氣大，但它在老饕的眼裡，卻是上天所賜予的眾多食材佳餚的一味「提升劑」。用豬網油烹製菜餚，不僅能使菜餚的香氣更加怡人，最關鍵的是，可以無形中提升食材本身的鮮滑度，使其口感更潤。

「就拿清蒸魚來說，以前的老師傅都愛用網油包裹魚。如果在你面前擺兩條同時出鍋的清蒸魚。你不需要用眼睛看，聞一聞就知道該選哪一條。」老饕聽到這裡時，肯定已經在嚥口水了。哪知師父繼續滔滔不絕的說了起來：「在傳統菜餚中，豬網油被賦予的責任很多，尤其是烹製煎炸或熏烤類菜餚，食材在網油的包裹下，還未出鍋就已經是香氣四溢了。吃起來更是酥脆可口、外焦裡嫩、外酥內燙⋯⋯總之，用什麼形容詞都不為過。」

關於「網油」的故事

而關於「網油」，這裡要說的故事就有點多了。

遠到，宋代著名的大文豪蘇東坡先生發明的「網油卷」。

據說常州名小吃「網油卷」是終老於常州的大文豪蘇東坡在某一天吃米團時，忽發奇想：「若內藏以豆泥，外裹以『雪衣』，如糕團之炮製，改蒸煮之方為炸溜之法，豈非佳餚乎？」於是，這位美食家嘗試著親自下廚，幾經周折，終因未完全掌握「雪衣」（蛋泡糊）製作之技，只能以蛋清包裹，成品不甚理想。後來，經常州名廚反覆揣摩，才慢慢演變成今日常州名點——

網油卷。

可見，我們的大文豪蘇東坡先生對於美食的追求，跟他寫詩作詞一樣充滿想像力。而經他創制出來的美食（最著名的莫過於那道「東坡肉」），也跟他的詩詞一樣豪放不羈，流傳甚廣。

近到，60 年前川菜大師陳松如做過的那道毛主席（按：毛澤東）愛吃的「網油燈籠雞」。

據陳松如回憶：「那是 1959 年初冬，當時我受飯店的委派去中南海司廚。一開始，並不知道那天是要給毛主席做菜，只知道是給很重要的中央首長主廚。於是，我在飯店準備了網油燈籠雞、黃酒煨鴨、家常臊子海參和其他幾道菜，共一桌十人的量。到了中南海才知道，原來是毛主席要宴請幾位黨外民主人士。」

那天宴會結束時，工作人員對他說：「主席對你做的網油燈籠雞特別感興趣，認為很好吃，並叮囑要把中午沒吃完的網油燈籠雞留到晚飯再吃。」打那之後，陳松如又去了三次中南海給毛主席做菜。

後來，陳松如大師在當時的四川飯店開創了網油菜餚龍頭菜——魚香過江網油蝦卷。「魚香」是菜餚的口味；「過江」是川菜特有的行業用語，指蘸汁而食的方法。

豬腰為主料，要裹緊

以前的人都愛說，「選網油，最好是選擇剛宰殺的豬身上取下來的，保持清潔無破損為佳。」可現在成都豬網油不好找，機械化加工之後，好多都直接拿去生產豬油了。

所以，要買到新鮮的豬網油，就需要廚師跟賣豬肉的大戶提前打好招呼。「豬網油選好之後，先小心翼翼的把網油雜質去掉，再放入清水中把血水及血紅之色漂洗乾淨，使網油潔白、全無

半點紅色。

　　「然後將網油撈出，把水分擠一下，晾乾水分。再一張張的平鋪在砧板上，邊緣修整齊，油厚的地方適當片薄，或是用刀背輕輕捶平。因為厚的網油是不易炸香、炸酥、炸脆的。最後才是將其切成長 30 公分、寬 12 公分的長方塊，一般弄 3 張，裹上蛋豆粉（用雞蛋、麵粉、乾豆粉加入適量的水調製而成）。」如此細心且認真的操作，聽得我入神。

　　「以前在榮樂園時，我除了研究食譜、學習各種菜餚，其他也沒什麼業餘的愛好，一不打麻將，二不好酒，一門心思都在菜上。人生在世，不就是活到老學到老麼？」現在，師父雖然退下來了，但仍沒有丟下他熱愛的這門手藝。

　　至於腰卷是什麼，想必很多年輕一輩對這個詞語有點陌生。「春捲倒是聽多了，可腰卷還是第一次聽到。」不過，如果你看完了整個「網油腰卷」的製作過程，便會深刻體會到「春捲」與「腰卷」兩者僅一字之差，卻是雲泥之別。

　　豬腰，作為這道菜的主料，選材是有講究的。首先，要看豬腰表面有沒有出血點，如果有就不能用，一般情況下，要選表面光滑而且色澤比較均勻的豬腰。另外，還不能選又大又厚的，以及裡面模糊不清的。檢查方法一般是，切開豬腰看裡面的白色筋絲與紅色組織之間是否模糊不清，如果不清，那就不要用了。

　　接下來，將選好的豬腰撕去表面的皮膜，片成兩半，將內臟腺體、微血管用刀剔除乾淨，片成 0.3 公分厚的片，再切成絲。接著，把選好的豬肉（按照以前師父做此菜的經驗，以肥瘦相間的半肥瘦豬肉為佳，過肥則膩，過瘦則柴而不嫩）、冬筍（或玉蘭片）、薑、蔥白切成絲，加鹽、花椒粉、胡椒粉，與豬腰絲一起攪拌成餡。

　　這個時候，就可以把拌好的餡，放在網油的一端，裹成直徑

2 公分長的圓筒。捲成一筒後，切斷網油，接縫處用蛋清漿黏緊。「一般來說，捲的技術難度不大，但要做好也不容易。首先，每個卷內所放入的餡料要勻稱，形體大小要大致相等。

　　「其次，必須捲嚴實。裹網油時手勁不可鬆，接縫處要黏緊，不然入鍋炸時接縫處裂開，油就會從縫隙進入網油中。這樣的話，將直接造成菜餡生膩。」師父特別提醒。接下來，便可以按照以上步驟再捲另一筒，直到三張網油捲完為止，並把捲好的腰卷外滾上一層乾豆粉。緊接著，就要開始下鍋「炸」了。

關於「炸」這一烹調方法

　　「炸」是一種旺火、多油的烹調方法，在各菜系裡均有。

　　「這炸法，既是一種能單獨成菜的方法，又能配合其他烹法，如溜、燒、蒸等共同成菜。按菜餡的質地要求，有清炸、軟

炸、酥炸之分；而從火候的運用上分，又有浸炸、油淋等法。我這裡就著重講一下酥炸，因為『網油腰卷』恰恰就是酥炸的代表菜餚。」胡廉泉曾在他參與編寫的《川菜烹飪事典》裡，對於「炸」有詳細的描述。

「網油腰卷就是典型的酥炸。」師父十分肯定的告訴我。

酥炸，這一技法由於原料掛糊，炸的時候形成酥脆薄膜，包封住原料內部水分，保持了菜餚的鮮美滋味，因此成為炸法中比較有代表性的技法。特別是菜餚質感，較其他炸法酥鬆得多，故名「酥炸」。

酥炸所用主料一般都是易熟的鮮嫩原料，如雞胸肉、豬里脊肉、豬肝、豬腰以及魚、蝦等。所用的原料都不能帶骨頭，如有骨頭就必須剔出。同時，根據炸的需求都要加工成小塊、小片、細條、細絲或剁成泥狀餡料。而且加工的刀口宜薄、宜細、宜小、宜碎。加工成型後一般配以蘸碟食之。

原料裹蛋豆粉或水豆粉，或撲乾豆粉、麵包粉、米粉，或用豆油皮、蛋皮、豬網油等包裹成卷。此外，還可以採用片至細薄的肉片、雞片、魚片和大白菜葉等做卷。

凡用外皮包裹成為捲筒形的稱之為「卷」，包裹成長方形、方形、三角形，或像生形（如雞腿形）就叫「包」。用糯米紙或玻璃紙包裹的則稱為「紙包」。用此法創制的名菜有：蛋酥鴨子、鍋酥牛肉、桃酥雞糕、網油雞卷、魚香酥皮兔糕、炸蝦包、炸春捲、軟燒方、炸蒸肉等。

「不過，關於這道『網油腰卷』，以前的食譜書上寫的是『軟炸腰卷』，不準確。軟炸是軟的，要裹蛋清糊。而『網油腰卷』用的是酥炸之法，吃起來是外酥內嫩、酥脆可口的，還是應該叫『網油腰卷』。」在這一點上，師父十分嚴謹。

炸，是這道菜成功與否的關鍵

「腰卷捲好，就到了這道菜成功與否的關鍵環節——炸。」正因為如此，師父每次在榮樂園炸製網油腰卷時，都是親臨鍋旁查看，生怕火候不到位。

炸製時，油量需稍多，腰卷要淹沒在其中才可受熱均勻；油溫需稍熱，因涼油是沒有「衝力」的。用一句行話概說是：**「溫熱炸其透（熟），熱油炸其酥脆。」**而網油腰卷的技術成分，除了展現在前面的幾道加工程序中，最重要的環節就是炸。

炸的時候，對於油溫和時間的控制，都直接關係到這道菜的品質。只有依靠嫻熟的炸技，才能在轉瞬之間成功出鍋入盤。反之，操作稍有不當，就會造成網油不酥不脆、腰卷不香、餡料香味

不濃，菜的看相也因此生膩等問題……這些正好是此菜製作的大忌，單是其中一項就會使得前功盡棄。

「**炸的時候，要分兩次進行**。先於油鍋中微炸至定型斷生撈起。需將黏在一起的分開，還要將腰卷進行改刀，切成3公分長的塊。然後，再用旺火、旺油迅速炸至皮酥色黃即成。另外，炸腰卷跟炸扳指一樣，炸之前還是要拿牙籤戳洞，不然一樣要炸油。」師父補充道。

待其色澤微黃時，便可撈出擺盤。「跟炸扳指一樣，可以擺放花蔥造型。蘸碟一般為椒鹽和蔥醬兩種口味。」如此這般，一道既鮮香又不膩，既酥脆又化渣，且色澤微黃、誘人食慾的「網油腰卷」就算是成功了！

豆渣鴨脯

弄拙成巧

　　為什麼是「豆渣鴨脯」？這個問題，我問自己多次，都沒有找到答案。於是，跑去請教師父。當我從師父那得知此菜的精髓和寓意所在後，內心終於有了答案：「凡料成珍，味美其中。」

豆渣如何「成巧」

　　熟悉川菜的人，大概都知道豆渣鴨脯這款菜餚。它有悠久的歷史，在川菜漫長的發展過程中，此菜形成了獨具地方風味的特色，深受喜愛川菜的食客和美食家們的青睞。

　　一個看似平淡無奇的「豆渣」，為何會受食客爭相追捧？帶著疑問，我找到了師父。師父聽明我的來意，二話不說，擺開陣勢：「這豆渣，在今天看來就是做豆腐所剩的下腳料而已，按理是不可能做菜為人們食用的，更不要說能進入名菜佳餚之列了。」

　　首先，現在的人存有認知偏差。在食物匱乏的 1960、1970 年代，這豆渣可是好東西，還有一雅名「雪花菜」。不僅營養豐富，還極易覓得。不像今天我們幾乎難尋覓豆渣的蹤影，更不用說品嘗到豆渣鴨脯這一美味了。

　　要想明白豆渣為什麼會化腐朽為神奇，就要先從「洗豆渣、炒豆渣」的製作說起。回憶起當時在榮樂園製作此菜，師父娓娓道來：先說什麼是豆渣。是指黃豆泡軟，放石磨中磨細取漿後剩下的渣，即豆渣。然後就是洗豆渣。先將豆渣放在紗布中，再把紗布放

在盆中，沖入清水並用手不停的攪動。師父告訴我，**用於此菜的豆渣是不能含有一點點豆漿**，因為豆漿熟後發黏，炒時容易糊。

而隨著盆中清水的流淌，豆漿也會隨水而去。只要盆中水澄清，就說明此時豆漿已被洗淨。然後，再把紗布一提，雙手一擰一擠，擠出剩餘的水分。當把洗好的豆渣倒入盤中時，只有色澤微黃，晶瑩閃光，且渣狀顯而易見，這樣的豆渣才算合格。而只有豆渣洗好了，才能奠定這道菜餡高品質的基礎。

接下來就是複雜的炒豆渣工序了：起炒鍋，刷淨擦乾並燒至溫熱。火力要溫，豆渣才可炒勻，火力過大，水分便不容易炒出來，還容易炒糊，必須要溫火溫鍋慢慢翻炒。豆渣下鍋後，要拿鏟子不停的翻炒，隨著豆渣受熱時間的延長，內含的水分才能變成水蒸氣散失。師父一再說，炒豆渣絕對不能心急，不然，不是炒糊就是水分炒不乾。糊了自然無法食用，但是如果炒不乾水分，那麼，豆渣也是不會有香氣、香味，更不會產生酥香的口感。

聽到這裡，我心想原來炒豆渣居然這麼麻煩，真是一道「累死廚師不償命」的川菜。突然靈感一現：「師父，能不能用烤箱烤乾豆渣裡的水分呢？」

師父立馬來了精神，「你這個想法對。以前，我們是受條件所限，能夠炒好豆渣的川菜師傅少之又少。現在有烤箱了，炒豆渣或許可以化繁為簡了。」

「那麼，現在的『松雲澤』可不可以把豆渣鴨脯重現江湖？」我的心裡，對這道菜又有了新的想法。是的，我雖不擅長做菜，但我可以從一位食者的角度為這道美食的再現，提供想法和創意。「如果真能夠把炒豆渣的過程化繁為簡，重出江湖應該不難。」元富師兄信心滿滿的對我說道。

是啊！這道菜現在基本上只有書上能夠看到，雖表面上看賣相不佳，但貴在味奇。而今的川菜很多流於表面的辣椒和紅油，掩

蓋了川菜的本來面目，很少有人能夠真正懂得川菜的「真相」。所以，後來元富師兄才會說：「真正想品味這道菜的人想必不在少數，我們可以大膽的嘗試。」

慢慢的，我領會到，這道菜中的豆渣其實不是作為配料，而是以主要原料身分出現。人們食用此菜的主要目的，還是想一品豆渣之美味，這也正是此菜在川菜中久食不衰的根本原因。但是，現在能夠做出這道菜的人屈指可數，而有條件出這道菜餚的餐廳也難覓。心中頓覺，自己肩上的那份責任又多了一重。

此味只能川菜有

話說回來，炒好的豆渣再倒回盤中時已成沙狀，全無水分，用手揉搓時有沙沙的響聲。水分炒乾只是過程，豆渣炒散、炒香才是目的。

豆渣為什麼還要煮？「因為，完全沒有水分的豆渣很難吃，此時煮渣可使豆渣酥軟，並在湯汁的作用下，使原來失去水分的豆渣又重新吸收水分。另外，豆渣雖然營養豐富，但是它並沒有味道。所以，加入奶湯、清湯煮過，使其獲得鮮味。這裡的奶湯、清湯也是有講究的。」師父在說起煮豆渣的用湯要求時，特別提到了奶湯和清湯。

是的，祖師爺藍光鑒老先生留下來的製湯掃湯祕訣裡就曾說過：**奶湯要猛（大火燒熬），清湯要吊（小火煨熬）。**以前的廚師都不可能用雞精、味精來調味，味精、雞精對於名師大廚來講也是慎用的。因此，川菜廚師歷來都十分講究湯汁熬製，自來行業中便有「無菜不用湯，無湯難成菜」之說。

為了讓我能見識豆渣鴨脯的製作過程，師父決定親自示範：

首先，取完整的鴨一隻，去掉頭足，放入沸水中略焯，去盡

血水後再放入盆中，加入料理米酒、鹽、薑、蔥、湯，上籠蒸後取出涼冷。

然後將涼冷的鴨子取出，去掉鴨身骨及四大骨，將鴨皮完整取下，皮面向下，鋪於大碗中。接下來將鴨肉、冬筍、香菇均切成細顆粒，加入鹽、胡椒、料理米酒一起拌勻，放入大碗中的鴨皮上，再加入蒸鴨的湯，蓋上錫紙，上籠餾起待用。

將之前備好的豆渣用刀再剁細一次，熱鍋中放油，用小火慢炒，一直將豆渣炒香、炒酥、吐油成深黃色即可。

上菜時，取出蒸籠中的鴨子，去掉上面的錫紙。將碗中蒸鴨的湯漌入鍋中，再加入適量的湯，倒入炒好的豆渣，混合炒勻。接著將鴨翻扣在準備好的大盤上，揭開碗將炒好的豆渣舀在鴨脯周圍即可入席。

　　「這是一道調羹菜，即上席後是用湯匙取食。因為此菜除鴨皮是完整的，其餘都是顆粒或細絲狀，所以此時用湯匙取食最好不過。」師父示範完製作過程之後，又跟我說起此菜的食用方法。

　　當聽到這樣的「釀菜」技術，我不禁連聲稱好，內心也佩服先輩們的創新和創造精神。聰明的川菜廚師以高超的烹調技藝，賦予豆渣化腐朽為神奇的力量，以及少有的美味，才創制出豆渣鴨脯這款鴨味鮮美、豆渣香酥、口感滑嫩的川味名菜。這真的是，「原料本是出農家，精烹凡料亦成珍，此味只能川菜有啊！」

　　最後，師父還補充道：「如果鴨子蒸後不去骨，那麼這道菜就只能叫豆渣鴨子。」

豆渣鴨脯的歷史源頭

　　要說清豆渣鴨脯的歷史源頭，得先從 1973 年說起。

　　那一年，北京的四川飯店重新開張，名廚雲集。「自豆渣鴨脯在重新開業的四川飯店推出那天起，就一直被當作飯店的招牌菜來看待。一般等級的宴請和散客是很難吃到此菜的，只有那些級別夠、高檔的重要宴會才會有此菜上席。」川菜大師劉自華在《國宴大廚說川菜》一書中，回憶自己當時初入北京四川飯店，跟隨劉少安師傅學豆渣鴨脯時的情形，仍是激動無比。

　　當年，和「開水白菜」一起被陳松如大師帶到新加坡的，就包含這道「豆渣鴨脯」。當時人們還有些疑惑，豆渣也可以做菜？但當他們親口品嘗到此菜時，卻完全被菜餚的難得口味和口感所折服。

　　在十分講究飲食營養的新加坡人看來，這豆渣細膩而不糙，且極富鮮美之味，這正好與他們的飲食理念相吻合。那個時候，豆渣鴨脯每天很早就預訂一空，當地較年長的華僑華人更是以能吃到

此菜為一大幸事。

「說到此菜的創制，不得不提到那位曾做過大軍閥劉湘家廚的川菜大師周海秋。周海秋是我師父張松雲的同門師兄弟，他創制的代表菜中便有一道豆渣豬頭。」師父說起這道菜的歷史源頭。

豆渣豬頭是一道傳統川菜，但那個時候豬頭難登大雅之堂。於是，後來的川菜大師，從營養學的角度開始研究，將豆渣與鴨肉一同入菜。豆渣的蛋白質含量高，而鴨肉內的脂肪有不可多得的滋潤補益之功效，油氣可使豆渣口感變軟、口味更香。反過來，豆渣的酥香，也可以平添鴨肉的鮮香醇濃，兩者可謂相得益彰，恰到好處。

在豆渣豬頭的基礎上，先輩們經過不斷的嘗試，終於創制出了這道著名的「豆渣鴨脯」。可以說，這道豆渣鴨脯正是表現川菜廚師聰明才智的絕佳之作。特別是豆渣利口化渣、醇香宜人的特點，與鴨肉完美結合之後，使此菜更能展現「凡料成珍，味美其中」這八個字。

只要改得有道理，就要改

「如果貴在味奇，那我們可不可以考慮，在裝盤上也進行改進和創新？」我想起祖師爺在創立榮樂園之初的最高指示：「美食美器、重味重湯。」既然要讓豆渣鴨脯重現江湖，就要在味道和視覺上都能「與時俱進」、「一鳴驚人」才好。

而且，在創新上，我們不僅可以試著做豆渣鴨脯，還可以嘗試一下做豆渣鴨條，這也是一個不錯的想法。元富師兄立馬接過話：「豆渣鴨條，從量上來講，顯得精緻一點，擺盤上也更能展現出菜的精美。」

胡廉泉也插話說：「記得有一次接待華潤集團的一位老總，

給他上了一道豆渣鴨條。味道當時就讓他驚豔了，他問這道菜叫什麼，告訴他叫豆渣鴨條時，他覺得菜名不好，說從豆渣金黃的視覺呈現效果上來講，叫金沙鴨條會更貼切。」

師父卻說：「還是豆渣鴨條好，更能表現出食材的特別之處。現在的人不是都崇尚養生嗎？叫豆渣鴨條才能夠展現出原料的反璞歸真，你們說是不是？」

如果這道菜最終得以「復出」，那必然會在成都的川菜界，乃至全國川菜界引起不小的震撼。同時，我還想起祖師爺曾定下的川菜核心指導：「所謂川味正宗者，是在原有基礎上甲南北之秀，而自成格局也。」、「正宗川味，是集南北烹調高手所製的地方名菜，融會於川味之中，又以四川人最喜食的味道處置。」

過去老食譜上的一些川菜以今天的眼光考量，著實有點「土氣」，所以我理解一些廚師對西式擺盤和新奇元素的追求，用某些餐飲人的話說，要符合現代人對視覺享受的追求。

俗話說：師父領進門，修行在個人。師父經常對我說：「為什麼有的人做了一輩子毫無個人見解？因為他沒有動腦筋。為什麼有的人沒學多久但是一下子就上手了？人家在用心做事。」師父在還是學徒時，就經常踐行「要多做」的理念，只有多做，才能積累經驗，不管是失敗的經驗，還是成功的經驗。

既然祖師爺和師父都說：「只要改得有道理，就要改。」那麼，還等什麼呢？

蹄燕

晶瑩剔透賽燕窩

我們在品嘗一道美味時，不能光顧著品嘗，還要懂得它之所以能夠成為美味的諸多因素，包括所用的食材、作法，以及這道美味背後的故事⋯⋯。

一道化腐朽為神奇的菜

蹄燕一直是師父喜歡做的一道菜。他說：「燕窩是等級高，而蹄燕是技術高，這是廚師的自信。」

要做好蹄燕最關鍵的一步是「放蹄筋」（實際上就是泡發）。選乾的、白色的豬蹄筋。先用油發，油溫需慢慢升、慢慢浸，釋放蹄筋的膠原蛋白。這裡需要注意的是，**放蹄筋現在一般用沙拉油**，因為菜籽油顏色較深，會影響成菜後蹄筋的顏色。在沒有沙拉油之前，師父用的是豬油，但現在如果在天氣較冷時用豬油，會影響這道菜最後成菜上桌後的效果。

廚師有個基本功叫「炸酥放響」，而「放響皮、放蹄筋」就是其中的「放」。須先用小火將蹄筋慢慢放透，使其膠質轉化、軟化、膨化⋯⋯待一個個細泡泡都鼓起來，整個蹄筋都完全膨化才行（油溫差不多六成熱），就這樣持續放，等油溫達到七成熱時，蹄筋就會變得很大，這時就要往鍋裡加點水了。

加水的目的是什麼？一是降低溫度，二是使蹄筋的裡面也徹底膨化。「記往，一定要把蹄筋放透，放得像泡沫一樣。」這便是

「放蹄筋」裡的第一發──油發蹄筋。

油發蹄筋之後，接著便是第二發──水發蹄筋，以及第三發──鹼發蹄筋（行業術語叫「提鹼」，使它軟和，顏色發亮，變白）。後面這兩個過程相對來說要簡單一些，而整個「放蹄筋」過程一般需要3、4個小時才能完成。「操作的過程中表現了廚師很多基本功技術。一般來說，你只要會放蹄筋了，就會放豬皮、就會放魚肚。」

為什麼油發後，還要水發和鹼發？師父說：「那是因為膠原質膨化之後會硬，所以要拿水繼續發。**油發讓它膨化，水發讓它變軟，鹼發是讓它變亮變柔。**」聽完這放蹄筋的複雜技藝，我不禁感嘆，這美味吃起來看似簡單，做起來還真的是考驗廚師手藝啊！

接下來，便要把放好的蹄筋切成片了。上等的蹄燕，只取蹄筋中間的兩片，而要做一份「蹄燕菜」則需要十多根蹄筋。切片之後，還需廚師用刀尖在蹄筋片上劃成不連貫的刀路，扯成如燕窩一樣的網狀，然後倒入碗裡用食用鹼碼 20 分鐘。這個時候，需要廚師隔十多分鐘觀察一下，如果覺得沒有達到標準，可以適當加溫。待它變成雪白如燕窩一樣時，就需要進行用開水退鹼的工序了。當退完鹼，你可以試著把它跟燕窩擺在一起，「我以前就做過一個試驗。把蹄燕悄悄的放在本就放有燕窩的案板上，那位要做燕窩菜的廚師一個轉身過來，眼前居然出現兩份『燕窩』食材，看了半天，也沒有分辨出來……。」

「原來，師父也有老頑童的時候啊！」

「這個不能算是頑童，這個是廚師的驕傲！」的確，師父常常說，廚藝是一門技術活，我們要活到老學到老，而當你擁有足以讓人仰望的廚藝時，也就有了成就感。

好了，這蹄燕備好，我們先來說說「蹄燕鴿蛋」這道菜。準備 12 個新鮮的鴿子蛋和一鍋開水，打鴿蛋滑入鍋，煮幾分鐘。現

在也有直接將鴿蛋打到勺子裡放點油直接蒸的，這種操作手法，能夠使鴿蛋成型之後更好看。不過，最穩當的還是煮。擺盤時，鴿蛋煮出來是透明的，中間一個圓月周圍就跟雲彩一樣，很美觀。

「我第一次煮鴿蛋時，一看怎麼是稀的？於是接著再煮，煮了 3 次都是稀的。那個年代，我一般都是接觸雞蛋、鴨蛋，沒有接觸過鴿蛋。等我的鴿蛋煮了 3 次之後，當然已經老了，不能再用了。」師父對我說起他第一次煮鴿蛋的經歷，看來這煮鴿蛋也是有講究的。師父接著說：「我第一次做這道菜還是在榮樂園，但這道菜基本上沒有對外賣過。因為這是一道工藝菜，是用來展示技術的，所以平時我們也很少做。」

鴿蛋準備好之後，把特製清湯拿到蹄燕裡過兩次。開始擺盤，把蹄燕放中間，以鴿蛋圍之，隨後加入調好作料的清湯，一道美味的「蹄燕鴿蛋」就可以上菜了。

「這個你學會了，可以有很多菜式變換。如果只拿清湯與蹄燕一起搭配，它就是一道『清湯蹄燕』；如果在夏天你拿桃油（按：又名桃膠，為薔薇科植物桃或山桃等樹皮中分泌出來的樹脂）和冰糖水與蹄燕一起搭配，它就是一道清熱解暑的『琥珀蹄燕』。總之，在有蹄燕的基礎上，廚師可以發揮他的想像力和創造力，說不定不久之後，還會有更多的蹄燕菜開創出來呢！」師父對於川菜的自信，就是來源於這些經典傳統川菜。

這是一道有故事的菜

說了蹄燕的作法後，師父還講了一些關於蹄燕的故事。

要說這蹄燕，肯定離不開「清湯燕菜」這道菜。燕窩在中國的消費起源，尤其是具體的年代，至今仍然撲朔迷離。在明代大部分的時間裡，雖然已見燕窩（參見下頁圖）的蹤影，但食用似乎並

不普遍。可以確定的是，從清代開始，文獻中有關燕窩的記載，大量出現在皇室的餐飲之中。

可見，燕窩不僅在今天十分珍貴，在清代更是稀有之物，是專供皇宮貴族享用之物。「清湯燕菜」是過去高級宴席燕菜席中的第一道大菜。大家都知道，燕窩得來不易，十分稀有。因此，廚師們更是想盡辦法，讓宴席裡的每一位食客都能夠享用到這一美味。可當時材料又十分有限，老闆又要控制成本，再加上成菜要求大方，燕窩少了便不美觀，但燕窩價格又實在是高，怎麼辦呢？

我們老一輩的四川廚師們左思右想，發揮各自的創意，終於創造出了「蹄燕」——一種無論是外觀還是味道，都可與燕窩媲美的美味！於是，聰明的四川廚師用蹄燕打燕窩的底子，不僅成菜大方，也達到控制成本的要求。

▲ 燕窩。

　　師父剛到榮樂園那會兒，曾經看到孔大爺（孔道生）做過一道「燕菜鴿蛋」，就是用蹄燕打底的。這蹄燕不僅做得相當像燕窩，而且一般人還真是吃不出來。「這清湯燕菜是個傳統菜，清代就有。燕菜鴿蛋就較晚一些，大約 1920、1930 年代，常用蹄燕與燕窩一起搭配入湯。」胡廉泉先生說道。

　　可見，這蹄燕一開始只是作為打底的菜而出現，並不是主角。後來抗戰時期，因為物資與食材緊缺，慢慢的，過渡著，最後蹄燕乾脆自己出來「單幹」。而它誕生之初就是與燕窩搭配的，「出身高貴」，自信心當然爆棚。再加上四川廚師化腐朽為神奇的技藝，它不出來單幹都不行啊！於是，我們便有了今天這些與蹄燕相關的名菜「清湯蹄燕」、「蹄燕鴿蛋」、「琥珀蹄燕」等。

　　這個時候，「冬瓜」和「蘿蔔」就出來鬧事了，說：「我們（指『雪燕冬瓜』和『蘿蔔燕』這兩道菜）可是比你先出來單幹的啊！」好吧，那我們這裡就先插入一個關於「素燕菜」的傳說。

　　說是武則天愛吃蘿蔔，於是御廚們挖空心思為她烹製蘿蔔菜餚。最後，終於研究出了一道蘿蔔美味：將蘿蔔切成 3 寸長的細絲、拌粉，上籠蒸至半熟，放涼，然後放入清水內，將蘿蔔絲撒開取出，上籠蒸透，放入鍋內，將山珍海味等配料放在上面，再將放有調味料的佐料，連湯帶水倒入鍋內，再撒上一些配料烹製而成一道由海米、蘑菇等點綴，縷縷銀絲漂浮於清湯之中的湯菜。

　　武則天吃了後，覺得味美可口，大有不似燕窩又勝似燕窩的風味，便賜名為「素燕菜」。自此，武則天的御膳單上便多了一道菜。久而久之，這道菜傳到民間，又被人們稱之為「假燕菜」。

　　由於一般人民吃不起山珍海味、名貴佳餚，就以白蘿蔔絲為主料，配上肉絲、雞蛋絲、香菇絲等烹製成素燕菜，逢年過節或婚喪嫁娶待客，極受百姓歡迎。漸漸的，便成了「洛陽水席」（洛陽水席共設 24 道菜，除 8 個冷菜外，其餘 4 大件、8 小件和 4 個壓

桌菜，幾乎件件帶湯，故曰：水席）中的第一道大菜。

另外一道「雪燕冬瓜」是川宴清湯菜式傳統名品，又名「冬瓜燕」。冬瓜燕是把冬瓜切成猶如燕菜般的細絲，然後加入高級清湯，因其顏色、形狀、質地均與燕窩相似而得名。從應用的角度來講，我們的老一輩川菜廚師的創造精神十分值得學習。他們除了展示自己的廚藝之外，還善於思考，並在那個物資短缺的時代發揮想像，創造出許多名貴珍稀食材的替代品。正因為有他們的這些創新，我們今天才能夠吃到如此美味的蹄燕。

這是一道充滿自信的菜

曾在《四川烹飪》雜誌任職記者的爾亞女士，問過師父一個問題：「您覺得川菜裡面，有哪些菜最能表現川菜廚師的技藝？或者說哪些菜是變廢為寶，甚至化腐朽為神奇的呢？」

幾日後，師父是這樣回答的：「妳這個問題我想了幾天。比如，捨不得、炒空心菜稈等都屬於物盡其用，但未達到化平凡為珍奇。後來，我想到我愛做的菜蹄燕鴿蛋。主料是豬蹄筋，很平常的一個原料，但透過發製、浸泡、刀工處理，再次的開水發製，最後成為晶瑩剔透的蹄燕，和燕窩比能以假亂真，配上鴿蛋，誰能說它不是燕窩？但它從來都叫蹄燕並沒有叫燕窩，這是廚師們對自己廚藝到家的自信，也是化平凡為珍奇的驕傲。」

2018 年 1 月 5 日，原本只接待預訂客人的松雲澤餐館破例增開一席，並按照川菜傳統包席的流程拿出了看家菜餚；同時，一般不出面接待的元富師兄也罕見的坐在餐桌上全程陪同，仔細介紹每一道菜。

客人正是在日本家喻戶曉，被日本主婦奉為偶像的「川菜廚神」井桁良樹，他在東京創辦的兩家「老四川飄香」川菜餐館，已

經成為日本中餐界的代表，不僅吸引了許多中國人前去品嘗，更是當地日本人宴請賓朋的高端首選。

當天的菜，一個比一個精緻，一個比一個精彩。其中，井桁良樹最欣賞的就是蹄燕。只見一個蘋果般大小的瓷盅裡，一勺醇厚透明的湯裡，有兩朵細小的銀耳、兩粒朱紅的枸杞，還有隱約的纖維組織。

「這個是什麼，燕窩嗎？」井桁問翻譯陳妍。陳妍也算是走南闖北的老食客了，此時卻也只好問元富師兄：「難道是燕窩？」元富師兄一臉自信的回答：「是蹄筋。」當即讓井桁良樹大為震驚，他完全沒有想到這道菜的食材居然是蹄筋，蹄筋還可以這樣烹製，味道居然可以這樣相融！

幾個月之後（2018 年 5 月 20 日），蔡瀾在吃了松雲澤的琥珀蹄燕之後，這樣評價道：「什麼叫蹄燕羹？燕窩嗎？不是。它用晒乾的豬蹄筋再三泡發後切成薄片，再加少許枸杞子清燉而成，口感上尤勝燕窩。這道菜用普通的食材炮製的甜湯，比燕窩更有吃

頭，大家又吃得起，有人說此菜有很多師傅都會做，我回答說的確
如此，但有很多客人會叫（點菜）嗎？這種創新，如果不發揚就會
消失。」

　　這是蔡瀾的擔心，也是我身上的又一重責任。當知曉一道美
味背後所用的食材、作法以及故事之後，我們還要將這道美味，讓
更多的人知道！讓這道美味，在越來越多的食客口中流傳！

A

APPENDIX

三香三椒三料，
七滋八味九雜

　　川菜品種豐富、味道多變、適應性強，一菜一格，百菜百味。這裡的「味」當然離不開廚師手中的調味料。

　　不過，如今的調味料與從前的滋味大不相同。雖然品種多了，但味道卻總覺不足，曾經的「蒜辣心」、「蔥辣眼」，現在幾乎感受不到了。

　　以前人們在清洗或切蔥時會感覺辣眼睛，因為蔥的鱗片裡含有一種具揮發性的油，這種油的主要成分是蒜素，蔥白裡面最多，當你剝開蔥外皮時，就會馬上揮發到空氣中，從而刺激到人的眼睛，也就有了「蔥辣眼」的說法。

　　「辣心」在農村也叫「燒心」，當我們空腹吃大蒜（蒜頭）時，那感受最深刻，就像吞下一顆無法消化的紅火炭，這就是燒心。大蒜中有蒜氨酸，蒜氨酸平常藏在蒜瓣之中，在沒被破壞之前都沒事，而一旦咬碎了吞到肚子裡，蒜氨酸迅速變成大蒜素，腸胃裡就會感覺火燒火燎。

　　川菜界常常提及「三香、三椒、三料」。**三香指蔥、薑、蒜，三椒指辣椒、花椒、胡椒，三料則是郫縣豆瓣、醋、醪糟或宜賓糟蛋。**炒菜用蔥、薑、蒜，這是烹飪普遍採用的方法。三椒、三料則是川菜最重要的調味料。此外，師父認為還應該加上「**五常」，即烹製川菜中常用到的五種調味料：鹽、白糖、醬油、豆豉、甜麵醬。**

　　胡廉泉先生說，除了普通的蔥、薑、蒜、鹽、醬油、醋等常見的調味料外，川菜調味料最重要的莫過於：豆瓣、辣椒、花椒、泡辣椒、胡椒、甜麵醬、豆豉、醪糟等。

　　那麼，現在我們就來看看川菜中常用到的調味料，都有哪些講究，使用時需注意些什麼，哪道川菜必須用哪種調味料。

▲ 批發市場中的各種香料（2018 年拍攝於成都市郫都區）。

三香：薑、蔥、蒜

先來說說薑。四川的薑品質優異，根塊肥大，芳香且辛辣味濃。川味菜餚一般使用的是嫩薑（子薑）、粉薑、老薑三種。

嫩薑為時令鮮蔬，季節性強，可作輔料或者醃漬成泡薑。嫩薑肉絲、薑爆子鴨、泡嫩薑等，就是用嫩薑或者泡薑製作的。

粉薑在川菜中，則是把它們加工成絲、片、末、汁來使用，炒、煮、燉、蒸、拌不可缺少，是川菜重要的小賓俏，或多種味型中不可缺少的調味料，有除異增香、開胃解膩的作用。與嫩薑、老薑相比，粉薑的運用範圍最廣泛，如薑汁熱窩雞、薑汁肘子、薑汁豇豆、薑汁鴨掌等菜餚的調味料，均以粉薑為主。泡薑則主要用於烹魚或家常等味型的菜餚，四川的普通家庭，也常常用泡薑來製作

▲ 市場中的嫩薑（2017 年拍攝於成都市青羊區菜市場）。

魚香味型菜餚。

老薑（也稱乾薑）在川菜中主要用於製湯。

至於蔥，有大蔥、香蔥之分。**蔥具有辛香味，可解腥氣，並能刺激食慾，開胃消食，殺菌解毒。**蔥在烹飪中可以生吃和熟吃，**生吃多用香蔥。**

香蔥又稱小蔥、細香蔥、北蔥、火蔥，植株小，葉極細，質地柔嫩，味清香，微辣，主要用於調味和去腥，一般切成蔥花，用

於調製冷菜各味，如怪味、鹹鮮味、麻辣味、椒辣味等味型，其中烹製魚香味型時，尤以四川的火蔥為佳。

大蔥主要用蔥白作熱菜的輔料和調味料。作輔料時一般切成節，烹製蔥酥魚、蔥燒蹄筋、蔥燒海參等菜餚；如切成顆粒，則作宮保雞丁、家常魷魚等菜餚的調味料。此外，蔥白還可切成開花蔥，作燒烤、湯羹、涼菜配料使用。師父他老人家就喜歡在「炸扳指」和「豆渣鴨脯」擺盤時配上開花蔥。

▲ 市場中的三種蔥（2019 年拍攝於成都市武侯區菜市場）。

而大蒜為多年生草本。外層灰白色或者紫色乾膜鱗被，通常有 6 到 10 個蒜瓣，每一瓣外層有一層薄膜。四川還有一種獨蒜，個大質好。獨蒜形圓，普通大蒜形扁平，皆色白實心，含有大量的蒜素，具有獨特的氣味和辛辣味。**大蒜在動物性食材調味中，有去腥、解膩、增香的作用**，是川菜烹飪中不可缺少的調味料。

　　大蒜也可作輔料來烹製川菜，如大蒜鰱魚、大蒜燒鱔段、大蒜燒肥腸等。這些菜餚以用成都溫江地區的獨頭蒜為佳。大蒜不僅能去腥增色，它所含的蒜素還有很強的殺菌作用。另外，在川菜中還常常將大蒜製成泥狀，用於蒜泥白肉、蒜泥黃瓜等涼菜。

▲ 溫江獨頭蒜。

三椒：辣椒、花椒、胡椒

　　辣椒在川菜中的運用達到了極致，呈現出各種狀態：乾辣椒、辣椒粉、泡辣椒等。

　　乾辣椒，使用新鮮辣椒晾晒而成。外表紅亮或呈紅棕色，外光澤，內有籽。有的辛辣如灼，有的香而不燥，根據不同口味與成菜要求，可使用不同辣度與風味的乾辣椒。成都牧馬山所產的二荊條和威遠的七星椒，皆屬製作乾辣椒的上品。乾辣椒可切節、剁細或磨粉使用。切節用於熗蓮白、熗黃瓜等菜餚。剁細主要用於製作

▲ 批發市場中的辣椒及各種香料（2018 年拍攝於成都市郫都區）。

「刀口辣椒」，用於水煮系列等菜餚。

辣椒粉在烹飪中一般有兩種用法：一是直接入菜，起增色的作用；二是製成紅油辣椒，廣泛用於冷熱菜式，如紅油筍片、紅油皮紮絲、麻辣雞、麻辣豆腐等菜餚。用乾辣椒加工而成的辣椒粉、辣椒油、糍粑辣椒等，是川菜多種味型必不可少的調味料。

泡辣椒在川菜調味中有非常重要的作用。它是用新鮮的紅辣椒泡製而成，品質以色鮮紅、肉厚、酸鹹適度、辣而不烈為佳，用以增色、增味。由於在泡製過程中產生了乳酸，烹製菜餚時，會使菜餚具有獨特的香氣和味道，是川菜中烹魚和烹製魚香味、家常味菜餚的主要調味料。

現在市面上常見的辣椒有：朝天椒、二荊條、七星椒、小米辣、秦椒和杭椒等。這些風格各異的辣椒，各自的辣味不同，但四川人卻獨獨鍾愛線椒、二荊條。

二荊條產自成都雙流牧馬山一帶，也稱「二金條」。據說清朝時曾是貢椒，最大的特點就是香。香氣的來源首先是因為辣椒品種，川菜多以食用油為介質，特別是乾辣椒經過熱油激、炒、炸產生梅納反應（Maillard reaction）及焦糖化反應從而釋放的香味。

「在所有辣椒品種中，二荊條辣椒糖分含量最高。在烹飪時，入鍋一爆就會產生一種焦糖化的現象。白糖為什麼在高溫下會變香，就是產生了焦糖化現象，這與二荊條的香原理是一樣的。」臺灣著名美食攝影師蔡名雄先生，一語道出四川人獨愛二荊條的真實原因。

辣味的調製要恰當，當辣則辣，當濃則濃，輕重有致，薄厚適宜，層次分明。重要的是做到辣而不燥。「燥」是指口味乾烈，和「潤」是相對的，「辣而不燥」的意思是辣味雖然濃郁，口感卻溫潤。

這就要求廚師有高超的烹飪技藝，選料、調味、火候掌握缺

▲ 雙流永安鎮的農貿市場是牧馬山二荊條的主要交易市場（2014年拍攝於成都市雙流區永安鎮）。

一不可。如宮保雞丁用乾紅辣椒，水煮肉片用刀口辣椒，乾燒魚用泡辣椒段，魚香肉絲用切碎的泡辣椒，麻婆豆腐用豆瓣醬與辣椒粉，乾煸苦瓜用青辣椒提鮮等。

　　師父說，要使辣椒達到「熟」的程度，就是要炒至「酥香」，使生辣之味最大限度的去掉，「燥」之感覺全無，香辣之味方可產生。

　　花椒又稱「大椒」、「蜀椒」或「川椒」，為芸香科植物花椒的果實。產於四川茂縣、金川、平武等地的稱西路椒，其特點是粒大、身紫紅、肉厚、味香麻；產於綿陽、涼山等地的稱南路椒，有色黑紅、油潤、味香，麻味長而濃烈的特點。其中以漢源清溪所產品質最好，素有「貢椒」之譽。另外，四川涼山還出產一種

▲ 結實累累的貢椒（2018 年拍攝於雅安市漢源縣）。

青花椒（又稱土花椒），色青紅、香麻味濃烈，但略帶苦味。

作為調味料，四川廚師主要是用它的麻味和香氣。麻味是花椒所含的揮發油產生的，花椒為川菜麻辣、椒鹽、椒麻、糊辣、怪味等味型的主要調味料，藉以展現風味。花椒在調製川味的運用中十分廣泛，既可整粒使用，也可磨成粉狀，還可煉製成花椒油。

整粒使用的花椒主要用於熱菜，如毛肚火鍋、熗綠豆芽等。**花椒粉在冷熱菜式中皆可使用**，熱菜如麻婆豆腐、水煮肉片，冷菜如椒麻雞片和牛舌萵筍等。**花椒油則多用於冷菜，在川菜燒、炒類菜式中，也可代替花椒粉使用。火鍋中則大量使用青花椒。**此外，花椒還因其除異增香的特點，也常作香料，用於蒸、燉、滷、鹽漬等類菜式。

四川一直是優質的花椒產區，花椒又被稱為蜀椒，加上「尚滋味，好辛香」的傳統，讓川菜的獨特味道時常顯現在花椒特立獨行的香麻風味上。

蔡名雄經過 5 年的實地調查，系統的歸納出了花椒的產地、品種以及風味特點，同時與川菜實踐結合，總結出花椒在川菜中所發揮的作用。他將花椒的各種香麻風味，總結為「好花椒的五種風味」：柚子味、柑橘味、柳橙味、萊姆味和檸檬味。

說起花椒，當然離不開那道經典的川菜——麻婆豆腐，花椒是這道菜的靈魂。而使用不同的花椒，麻婆豆腐呈現出的風味和個性完全不同，花椒是呈現完美滋味的關鍵。蔡名雄認為，做麻婆豆腐，漢源貢椒為首選，其次為越西貢椒和喜德南路椒。

那麼，如何選花椒？首先，**好花椒色澤均勻，濃而純，粒大而均勻**；其次，**要選擇乾燥度較高的花椒**，因為乾燥度較高的花椒不容易走味或變質。鑑別方法是用手撥弄花椒時，應有乾燥感的「沙沙」聲，若一把抓起，應該要有粗糙、乾爽的感覺，且容易捏碎。

聞花椒香味時，不應該聞到其他香辛料的味道或雜味，即不能有被雜味汙染而串味的情形；仔細觀察，**好花椒果實都應開口不含或只含少量椒籽粒，枝稈及雜質極少；選擇花椒果皮開口大的**，乾燥後的果皮開口大，表示成熟度較高，一般來說香氣也越濃郁且麻味相對強；最後，視情況取一至兩顆花椒放入口中，咀嚼一下，感覺到有花椒味出現時就將花椒吐出，之後細細感覺口中的各種滋味。

通常木腥味、乾柴味等各種腥、異味越少越好，麻度就視需求選擇。但多數情況下，**麻度越高，苦味越明顯**。若只感覺到苦味，麻度卻不高時，調味效果多半不佳，容易使菜餚帶苦味，這樣的花椒最好不要選。

　　胡椒始見載於唐代《酉陽雜俎》、《唐本草》諸書，相傳為唐僧西域取經攜回。胡椒的果實或種子，依採摘時的成熟度不同、加工調製方法不同，而有顏色差異，可分為：黑胡椒、白胡椒、綠胡椒以及紅胡椒。**黑胡椒品質以粒大飽滿，色黑皮皺，氣味強烈者為好；白胡椒品質以個大，粒圓堅實，色白，氣味強烈者為良。中醫認為，黑胡椒粉走裡，味重，調味作用稍好；白胡椒粉藥用價值更高，走表，辛散**（按：指味辛之物，具有發散的作用）**作用更好。**

　　胡椒又稱「浮椒」、「玉椒」或「古月」。其辛辣芳香味主要來源於所含的胡椒鹼和芳香油。胡椒雖然沒有像豆瓣、辣椒和花椒那樣在川菜中具有代表性，但在各式菜餚中，特別是燒燴類菜式及湯菜中，常常用以增味和增香。

　　師父在講川菜中的那些傳統菜餚時，曾提到過在烹製「菠餃魚肚」時使用的是「胡椒水」，其目的是在增味增香的同時，保持成菜後的純淨與美觀效果。

▲ 胡椒子。

三料：豆瓣醬、醋、醪糟

在川菜調味料中，郫縣豆瓣是最被大眾熟知的調味料之一。

豆瓣醬以胡豆為原料，經去殼、浸泡、蒸煮（或不蒸煮）製成麴，然後按傳統方法（豆瓣麴下池加醪糟，也可加白酒、鹽水淹及豆瓣，任其發酵）或固態低溫發酵法（豆瓣麴加鹽水拌和，出麴後補加食鹽發酵）製成豆瓣醅。

成熟的豆瓣醅如配入辣椒醬、香料粉，即成辣豆瓣；如配入香油、金鉤蝦、火腿等，即成香油豆瓣、金鉤豆瓣、火腿豆瓣等，統稱鹹豆瓣。鹹豆瓣色黃或黃褐，有醬香和酯香氣，味鮮而回甜，為佐餐佳品，以資陽臨江寺所產最為著名。

辣豆瓣色澤紅亮油潤，味辣而鮮，是川菜的重要調味料，其中以郫縣所產為佳。

▲ 傳統豆瓣醬的晒製場（2019 年拍攝於四川省眉山市）。

▲ 豆瓣醬（2017 年拍攝於四川省 郫都區）。

▲ 豆瓣醬（2019 年拍攝於 四川省眉山市）。

　　相傳郫縣豆瓣發明者是一位從福建入川的陳姓移民。他在入川途中隨身攜帶的，賴以充饑的胡豆受四川盆地潮氣影響而發黴，他捨不得扔掉，便把發黴的胡豆放在田埂上晾晒，又以鮮辣椒伴著食用，發現非常美味，這成為日後郫縣豆瓣的起源。

　　這個故事雖不可考證，但郫縣豆瓣的品質特色與產地的環境、氣候、土壤、水質、人文等因素密切相關，具有辣味重、鮮紅油潤、辣椒塊大、回味香甜的特點，是川味食譜中最為常見，也是最為重要的調味佳品。很多人一度認為，買對了豆瓣醬，川菜也就成功了一半。

　　醋，又稱「苦酒」、「淳酢」或「醯」（按：音同西），是川菜中常用的調味料。中國釀醋的歷史已有近 3,000 年。一般以所用的主要原料命名，如米醋、酒醋、麩醋等；也有以風味和工藝不同而命名的，如陳醋、香醋、熏醋、甜醋等。四川醋多用小麥、麩皮

（小麥最外層的表皮）、稻米、糯米等，並加多種中藥材精釀而成，其優良產品有閬中（按：閬音同浪）的保寧醋、渠縣的三匯特醋和自貢的晒醋等。

　　醋在烹調中除展現多種風味外，還**可以壓腥、提味。炒菜時酌量加醋，還可以保護食物中的維生素 C 不受或少受破壞**，是烹製醋溜雞、糖醋排骨、酸辣海參等菜餚的重要調味料，也是調製多種

▲ 古城中的閬州醋門店（2011 年拍攝於四川省南充市）。

味碟的主要原料。

　　而白醋則多以糯米等為原料，經製麴、浸泡、蒸料、糖化發酵、酒精發酵而成。成品無色透明，味酸而帶酒香，多不下鍋。主要用於一些需要保持食材固有色彩（主要指蔬菜類）或不需上色的菜式。

　　醪糟也叫酒釀、酒糟、米酒、甜酒、江米酒、米酵子等，南北方叫法不同，四川一般叫醪糟。它是由糯米和酒麴釀製而成的酵米，是一種風味食品，口味香甜醇美，乙醇含量較少，因此深受人們喜愛。

　　《楚辭·漁父》一書中曾提到：「何不餔其糟而歠其醨？」可見自古以來醪糟就是可以吃的。它不僅可以直接食用，而且在製

▲ 市場中的醪糟（2011 年拍攝於四川省內江市）。

作很多美食時都少不了它的錦上添花，其中醪糟粉子（又叫米酒湯圓），便是四川非常流行的一種小吃。

比如水煮荷包蛋、水煮湯圓時加入一些醪糟，成品的味道會更加豐富；而在製作紅燒菜，特別是有腥味的葷菜時，添加適量醪糟，成菜會更加鮮香回味。

說到用醪糟做菜，不得不提到兩道十分家常的醪糟菜：醪糟南瓜羹和醪糟燒帶魚。另外，散文家梁實秋在《雅舍談吃》裡還說到過糟溜魚片、糟鴨片、糟蒸鴨肝這幾樣菜。

在四川，醪糟以前多為家庭製作，俗稱蒸醪糟。也有小型作坊做商品性生產，如成都的「金玉軒」即是以此出名。成品色白、汁多、味純、酒香濃郁。在川菜中，主要用作配料（如醉八仙、香醪鴿蛋等菜餚）、調味料（如醪糟冬筍、糟醉排骨等菜餚），也可替代紹酒使用。

在川菜調味料裡，除了醪糟之外，宜賓糟蛋也名聲在外。相傳，清同治年間，宜賓（舊稱敘府）西門外有一中醫大夫喜飲窖酒，並以此作為驅疫健身之方。為了備酒長飲，他每年都要釀製窖酒，還習慣在酒液裡放幾個鴨蛋，以延長窖酒的貯存時間。

一次，他發現經窖酒浸泡過的鴨蛋，蛋殼變軟脫落，蛋膜完好，色澤悅目，取之而食，醇香爽口，味道鮮美。於是，他將這個發現告訴親朋好友，食者皆稱極美。事後，大家爭相仿製，這就是最早的宜賓糟蛋，也稱「敘府糟蛋」。

宜賓糟蛋的生產工藝堪稱一絕，是把鮮鴨蛋以糟醃製而成的。而宜賓糟蛋的吃法也別具一格：先把糟蛋置於碟中，加適量白糖，再滴白酒少許，用筷略微攪動，待蛋、糖、酒融為一體後，即可徐徐拈食下酒，別有風味。其蛋質軟嫩，色澤紅亮，醇香味長，營養豐富。

在川菜筵席上，宜賓糟蛋曾是國宴上的一道開胃冷盤。它不

僅可以單獨食之,還可與其他食材一起入菜,如糟蛋鴨子、糟黃鴨子,以及糟蛋粽子、糟蛋魚粉、酒香漁穗、糟香翅筆等菜餚。

五常:鹽、白糖、醬油、豆豉、甜麵醬

鹽有海鹽、池鹽、岩鹽、井鹽之分,因其使用非常普遍,歷來被稱為「百味之主」。鹽的主要成分是氯化鈉。而烹飪所用的鹽,當然是以含氯化鈉高,而含氯化鎂、硫酸鎂等雜質低的為佳。川菜烹飪常用的鹽是井鹽,其氯化鈉含量高達 99% 以上,味純正、無苦澀味、色白、結晶體小、疏鬆不結塊。其中,尤以四川自貢所生產的井鹽為鹽中最理想的調味料,在烹調上能定味、提鮮、解膩、去腥,是川菜烹調的首選必需品之一。

▲ 自貢燊海井仍保留傳統煮鹽工藝(2011 年拍攝於四川省自貢市)。

四川自流井、貢井地區開採井鹽的歷史已有兩千多年之久，具體起源可以上溯到東漢章帝時期，後來井鹽聞名於唐宋，鼎盛於明清；在清咸豐、同治年間成為四川井鹽業中心，其井鹽遍銷於川、滇、黔、湘、鄂諸省，供全國十分之一的人口食用。

另外，烹調中還經常利用鹽的滲透壓，除去原料中的苦味或澀味。同時，鹽也是製作麵點不可少的輔料。除用於麵臊和麵餡的調味外，也常用於麵團，有增強麵團勁力，改善成品色澤和調節發酵速度的作用。

白糖、冰糖、紅糖、飴糖、蜂糖等皆可用作川菜烹飪，以白糖、冰糖用得最多。川菜所用的白糖，是用甘蔗的莖汁，經精製而成的乳白色結晶體。在烹調中，糖除主要用於甜菜、甜食和甜羹外，還廣泛用於調味，起上色、矯味和展現風味的作用。川菜中糖色運用十分廣泛，燒菜、滷菜、蒸菜等色澤為紅色、棕紅、醬紅的菜餚都需要炒製糖色，如紅燒肉、煨肘子、滷汁調兌、燒鴨、烤鵝、鹹燒白、甜燒白等。

其中，白糖按其晶粒大小，又分粗砂、中砂、細砂三種。四川白糖主要產於內江、西昌等地，尤以內江為盛，其素有「甜城」之稱。川菜中，白糖除了用於調味上色外，還用於糖醋類菜餚的製作。

此外，白糖還是調味太過時最有效的緩衝劑，可以用來補救味道，妙處多多。

比如，**烹飪時如不慎放鹽過多，可以加少量白糖調和使菜味變淡；辣椒放多了，也可以加少量白糖解辣；菜餚過酸時，也可以加入少量白糖以緩解其酸味**，而酸甜味還可以使菜餚可口開胃；另外，**烹製苦系菜時，比如苦瓜，加白糖可除苦味。**

醬油又稱清醬、醬汁、豉油，是以黃豆、小麥等為原料，經蒸料、拌料、拌麴、踩地、倒坯、發酵等工藝加工而成的棕褐色液

體。中國歷史上最早使用「醬油」名稱的是在宋朝，林洪的《山家清供》裡有「韭葉嫩者，用薑絲、醬油、滴醋拌食」的記述。據清人王士雄的《隨息居飲食譜》記載：「油則豆醬為宜，日晒三伏，晴則夜露，深秋第一者勝，名秋油，即母油。調和食物，葷素皆宜。」

按生產方法的不同分天然發酵、人工發酵和化學發酵醬油，四川醬油的生產多用低鹽固態發酵工藝，或結合傳統工藝釀製而成。在川菜中運用廣泛，以四川德陽市釀造廠生產的精釀醬油、成都釀造廠生產的大王醬油，和江油中壩的口蘑醬油為佳，是川味冷菜的最佳調味料。醬油在烹調川菜中，無論蒸、煮、燒、拌的菜餚都可使用，運用範圍很廣。

▲ 窩子醬油釀造場景（2017 年拍攝於四川省錦陽市）。

　　在川菜烹飪中，一般用於調味和增鮮的為淺色醬油；深色醬油除了調味增鮮提色外，多用於涼拌菜的調味及麵條的碗底；而甜紅醬油，除了用於涼拌菜和麵食的調味，也用於部分食材上漿上色。行業中也有以淺色醬油加紅糖、香料等在鍋內熬成的特製醬油，其風味亦佳。

　　豆豉又稱「鼓」、「康伯」或「納豆」，是以黃豆、黑豆經蒸煮發酵而成的顆粒狀食物。中國遠在一千四百多年前，豆豉的製作在民間就十分普及，並成為人們喜愛的食品。按工藝用料和風味的不同，豆豉分為乾豆豉、薑豆豉、水豆豉三種。

　　乾豆豉成品光滑油黑、滋潤散籽，味美鮮濃、酯香回甜，川菜中**多用作配料和調味料**。

　　其中以四川成都的太和豆豉和重慶的潼川豆豉、永川豆豉品質最佳。此豆豉可加油、肉蒸後直接佐餐，也可作豆豉魚、鹽煎肉等菜餚的調味料。豆豉加鹽、酒、辣椒醬、香料、老薑米拌均後即

▲ 永川豆豉。

為薑豆豉。如再加煮豆水即為水豆豉，此兩種豆豉多用於家庭製作家常小菜。

甜麵醬，又叫甜醬、金醬，主要原料是麵粉，是經製麴和保溫發酵製成的一種醬狀調味料。其特點是甜中帶鹹、醬香濃郁，有醬香和酯香氣，川菜中多用於醬燒、乾醬類菜式。另外，還用於調製蔥醬碟以及需醬增色增味的菜式，亦用作醃製食品、麵臊、麵餡的主要調味料。川菜中最常用甜麵醬調味料的非回鍋肉莫屬，除此之外還有醬燒茄子、醬肉絲等菜餚。

川菜文化的發展依賴於得天獨厚的自然條件，四川自古以來就享有「天府之國」的美譽。境內江河縱橫，四季常青，烹飪原料豐富，調味料的豐富給了川菜廚師更多的發揮空間。

現在，很多川菜廚師雖然掌握了川菜的烹飪技術，但是他們不懂得使用正宗的川味調料，所以做出來的川菜，在味道上怎麼都覺得不對。而川菜之所以能夠以味取勝，贏得眾多食客的讚美，跟調味料有著密切的關係，例如做回鍋肉如果不用郫縣豆瓣，炒魚香肉絲如果不用泡辣椒，就很難做出正宗的味道。

我曾在「回鍋肉」一篇裡提及過，在回鍋肉裡加入甜麵醬調味具有改油、解膩、增香的效果。但很多廚師加的卻是豆豉，豆豉是加在鹽煎肉裡的。所以，師父才會說：「現在的年輕廚師，很多根本不理解調味料對於川菜味道的重要性。他們往往喜歡不按章法的隨意創新加亂來，這一亂來做出來的味道，當然就不是這道菜本身應該有的味道了。」

B

APPENDIX

參考文獻

〔1〕　〔清〕傅崇矩·成都通覽〔M〕·成都通俗報社，1909。

〔2〕　李新·川菜烹飪事典〔M〕·成都：四川科技出版社，2009。

〔3〕　梁實秋·雅舍談吃〔M〕·瀋陽：萬卷公司，2015。

〔4〕　〔清〕袁枚·隨園食單〔M〕·南京：鳳凰出版社，2000。

〔5〕　〔北魏〕賈思勰·齊民要術〔M〕·北京：中華書局，2009。

〔6〕　〔宋〕陳叟達·本心齋疏食譜〔M〕·北京：中國商業出版社，1987。

〔7〕　〔唐〕段成式著，李國文評注·李國文評注酉陽雜俎〔M〕·北京：人民文學出版社，2017。

〔8〕　〔清〕薛寶辰·素食說略〔M〕·北京：中國商業出版社，1984。

〔9〕　〔西晉〕常璩著，唐春生、何利華、黃博、丁雙勝譯·華陽國志〔M〕·重慶出版社，2008。

〔10〕〔明〕高濂·遵生八箋〔M〕·北京：中華書局，2013。

〔11〕〔宋〕林洪·山家清供〔M〕·北京：華語出版社，2016。

〔12〕〔清〕李漁·閒情偶寄〔M〕·北京：中信出版社，2008。

〔13〕汪曾祺·五味〔M〕·濟南：山東畫報出版社，2005。

〔14〕芙蓉何以入菜名〔J〕·中國烹飪，1996（5）。

〔15〕風味蘭花菜〔J〕·四川烹飪，1994（2）。

〔16〕〔明〕宋詡·宋氏養生部〔M〕·北京：中國商業出版社，1989。

〔17〕石光華·我的川菜生活〔M〕·西安：陝西師範大學出版社，2004。

〔18〕 胡廉泉、李朝亮口述，羅成章記錄整理‧細說川菜〔M〕‧成都：四川科技出版社，2008。

〔19〕 車輻‧川菜雜談〔M〕‧上海：生活‧讀書‧新知三聯書店，2012。

〔20〕 劉靜‧近百年來巴蜀地區魚肴變化史研究〔J〕‧三峽大學學報（人文社會科學版），2018（40）。

〔21〕 林洪德‧老成都食俗畫〔M〕‧成都：四川科技出版社，2004。

〔22〕 杜福詳、郭蘊輝‧中國名餐館〔M〕‧北京：中國旅遊出版社，1982。

〔23〕 席桌組合〔M〕‧成都市飲食公司技術訓練班，1964。

〔24〕 四川食譜〔M〕‧四川省蔬菜水產飲食服務公司，1977。

〔25〕 劉自華‧國宴大廚說川菜──四川飯店食聞軼事〔M〕‧北京：當代中國出版社，2013。

〔26〕 周密‧武林舊事〔M〕‧北京：中華書局，2007。

〔27〕 何國珍‧花卉入肴食譜〔M〕‧北京：中國食品出版社，1987。

〔28〕 四川省志〔M〕‧北京：方志出版社，2016。

drill 020

正宗川菜大典

系出川菜黃埔、師承現代川菜開山鼻祖、非物質文化遺產傳承人親解，
烹飪技法、典故。

作　　者／李作民
圖片攝影／蔡名雄
責任編輯／蕭麗娟
校對編輯／宋方儀
美術編輯／林彥君
副總編輯／顏惠君
總 編 輯／吳依瑋
發 行 人／徐仲秋
會計助理／李秀娟
會　　計／許鳳雪
版權主任／劉宗德
版權經理／郝麗珍
行銷企劃／徐千晴
行銷業務／李秀蕙
業務專員／馬絮盈、留婉茹
業務經理／林裕安
總 經 理／陳絜吾

國家圖書館出版品預行編目（CIP）資料

正宗川菜大典：系出川菜黃埔、師承現代川菜
開山鼻祖、非物質文化遺產傳承人親解，烹飪
技法、典故。／李作民著.
--初版-- 臺北市：任性出版有限公司，2023.05
368面；17×23 公分. --（drill；020）
ISBN 978-626-7182-23-9（平裝）

1. CST：食譜　2. CST：中國

427.1127　　　　　　　　　　112001688

出 版 者／任性出版有限公司
營運統籌／大是文化有限公司
　　　　　臺北市 100 衡陽路 7 號 8 樓
　　　　　編輯部電話：（02）23757911
　　　　　購書相關資訊請洽：（02）23757911 分機122
　　　　　24 小時讀者服務傳真：（02）23756999
　　　　　讀者服務 E-mail：dscsms28＠gmail.com
　　　　　郵政劃撥帳號：19983366　戶名：大是文化有限公司

法律顧問／永然聯合法律事務所
香港發行／豐達出版發行有限公司 Rich Publishing & Distribution Ltd
　　　　　地址：香港柴灣永泰道 70 號柴灣工業城第 2 期 1805 室
　　　　　　　　Unit 1805, Ph. 2, Chai Wan Ind City, 70 Wing Tai Rd,Chai Wan, Hong Kong
　　　　　電話：2172-6513　傳真：2172-4355
　　　　　E-mail：cary＠subseasy.com.hk

封面設計／林雯瑛
內頁排版／Judy
印　　刷／緯峰印刷股份有限公司
出版日期／2023 年 5 月初版
定　　價／新臺幣 560 元（缺頁或裝訂錯誤的書，請寄回更換）
ISBN 978-626-7182-23-9
電子書ISBN ／ 9786267182260（PDF）
　　　　　　　9786267182277（EPUB）